岩波科学ライブラリー 201

サボり上手な動物たち

海の中から新発見！

佐藤克文・森阪匡通

岩波書店

SCIENCE

まえがき

私には、突然視覚を奪われた経験がある。南極でアザラシ調査をしていたときのことだ。見渡す限り氷が広がる海面上で、スノーモービルを運転していた。目指すキャンプ地がある島は二〇キロメートルほど前方にあり、天気は快晴、視界を遮るものが何一つない海氷上で、ただひたすらスノーモービルをまっすぐ走らせていた。ところが、突然横風が吹いてきたかと思うと、海氷上に積もったパウダースノーが舞い上がり、辺り一面が乳白色に包まれてしまった。自分が目指す方角どころか、スノーモービルの先端も見えず、上下すらよくわからない。まもなく、少し風が収まり百メートルほど先まで見えるようになったので、再びスノーモービルで進み始めたが、自分が思う方角と手持ちのGPSが指し示す方角が九〇度もずれている。半信半疑のままGPSが指す方角に進み、無事キャンプ地にたどり着いた。

この経験を通して、ヒトがもっぱら視覚に頼って暮らしているのを実感できた。私が途方に暮れていたとき、氷の下の海をアザラシやペンギンが泳ぎ回っていたはずだが、彼らはいったいどうやって方角を見定めているのだろうか。陸上に比べて視界が大きく制限された水中では、視覚以外の感覚に頼らざるを得ない。視覚以外の感覚に頼って生きている動物は、ヒトとは異なる世界観を持っている可能性がある。その世界観に迫るためには、動物を観察するだけでなく、たまには視点や手段を変えてみるのがいいだろう。

本書を記した佐藤克文は、動物に小型のカメラや行動記録計を取り付ける「バイオロギング」と呼ばれる手法で、魚類・爬虫類・鳥類・哺乳類を対象とした研究を進めてきた。森阪匡通は、音響を手段にクジラ類を研究してきた。どちらも行動学ないし生態学に関連した課題を扱っているが、その研究手段が王道から若干はずれている。そんな二人ならではの視点から、世間の人々が抱いている野生動物観からちょっと外れた〈本当の姿〉を紹介する。

佐藤克文

目次

まえがき

1　実は見えない海の中 …… 1

見えるようで見えない海の動物／陸上動物研究では観察が主体／海洋動物学者の工夫／観察する代わりに装置をくっつける／日本発の深度記録計／次々更新される最高記録／日本発の新名称「バイオロギング」／カメラを動物につけて〝観る〟／見えない世界では音が重要／想定外の発見

2　他者に依存する海鳥――動物カメラで調べる …… 19

動物はなぜ潜るのか／周辺の餌分布状況を調べたい／動物カメラ／予想外の展開／他人にくっついて飛ぶカツオドリ／シャチのおこぼれを失敬するアホウドリ／サバや漁師を使って餌をとるオオミズナギドリ／手探りで餌をとるヨーロッパヒメウ／「見えない」ことで「見えてくる」ものがある／動物目線で見えてきたこと

3　盗み聞きするイルカ――音で調べる …… 41

カメラも万能ではない／海は「音の世界」だった／人間に聞こえる音、動物に聞こえる音／イルカのエコーロケーション／イルカがふだん「見て」いるところ／たまに探索をサボるスナメリ／他人の「視線」を盗む／命にかかわる盗み聞き／エビがイルカの音を変える？／音でバレる体の大きさ／イルカの環世界

4 らせん状に沈むアザラシ——加速度で調べる …… 65

それは日本から始まった／浮力を使って浮上するペンギン／当初の目的は別にあった／種を変えて再確認／角度の測定／らせん状に沈んでいくアザラシ／ヘラ浮きのように立って休むクジラ／音響解析からヒントを得た時系列データ解析／動きの模様でみるヨーロッパヒメウの行動／頑張らないことも記録する加速度計

5 野生動物はサボりの達人だった！ …… 85

不純な動機／深海のチーター／いざアフリカへ／何とか狩りをしてくれた／産卵期のウミガメは餌を食わなかった／ペンギンも飛ぶ鳥もやることは同じ／ペンギンはいつでも深く長く潜るわけではない／そんなに速くは泳がない水中の動物たち／ウミガメをのろまと言わないで／オオミズナギドリの通勤パターン／最大記録に着目するのはナンセンス／動物がサボるまじめな理由／死ぬほど頑張るとき／非効率の勧め

コラム　津波に負けない　33／日本の音響データロガー「Aタグ」　52
イルカとクジラ　56／ウミガメ調査再開　104／どっちが誠実？　112

あとがき　117

写真・図の提供者

参考文献および出典

各章扉イラスト＝市川光太郎

1

実は見えない
海の中

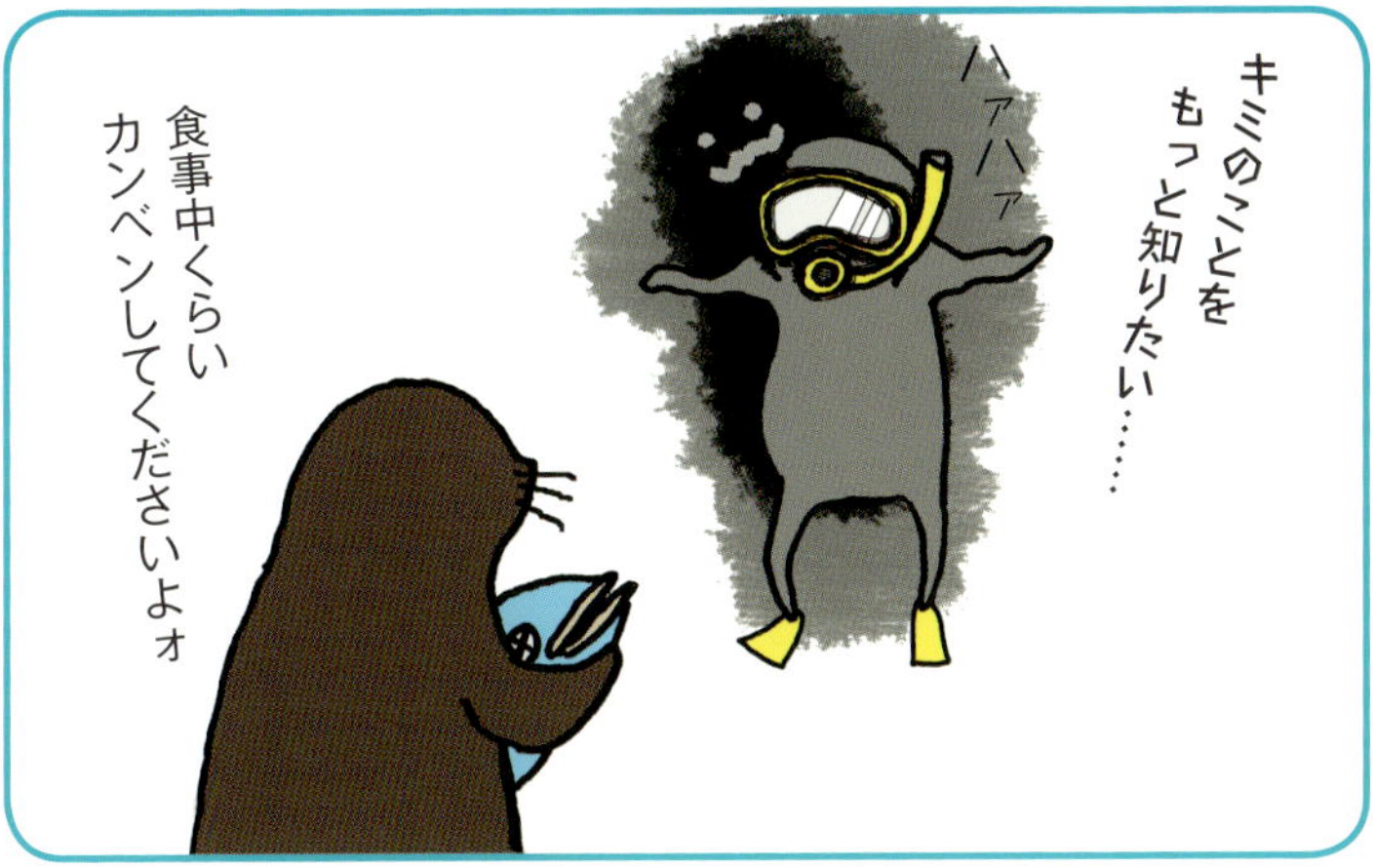
キミのことを
もっと知りたい……
ハァハァ
食事中くらい
カンベンしてくださいよォ

見えるようで見えない海の動物

水族館で人気動物のアンケートをとると、イルカやペンギンが上位に名を連ねる。他にもサメ、ウミガメ、アザラシ、クジラなど、海で暮らす大型動物は、子どもから大人まで多くのファンを獲得している。ところが、これらの人気動物が実際に海の中でどのように暮らしているのかは、よくわかっていない。というより、ほとんど謎に包まれているといってもよい。なぜ彼らの生活が謎に包まれているのか。それは、水中の暮らしぶりを、私たちが現場で直接観察できないからだ。

そんなことを言うと、すぐさま読者から「見えるだろ」と反論されてしまうかもしれない。たしかに、ホエールウォッチング船に乗れば、イルカやクジラが水面で飛び跳ねる様子が見えるし、南極ツアーに参加すれば、氷上をトコトコと歩くペンギンやのんびり寝そべるアザラシを見ることができる。もっとお手軽にシュノーケリングで海に潜れば、岩場や珊瑚礁を泳ぐ魚が見えるし、運が良ければサメやカメに出会えるだろう（図1・1）。しかし、イルカやクジラが水面で飛び跳ねる理由はわかっていない。ペンギンが氷の上を何時間歩き続けるのかもわからないし、氷上で寝そべるアザラシをどんなに詳しく観察しても、彼らの潜水能力はわからない。海でチラリと見かけたサメやカメは、その後どこに泳いでいくのだろう。

図 1.1　① 水面を飛び跳ねるハラジロカマイルカ，② 氷上を歩くエンペラーペンギン，③ ウェッデルアザラシの新生仔，④ 御蔵島のアオウミガメ

水中で暮らす動物たちのことを、陸上動物である私たちが調べるのは、実はとても難しい。

　一九七三年に、コンラート・ローレンツ、カール・フォン・フリッシュ、ニコ・ティンバーゲンの三名がノーベル生理学・医学賞を受賞した。受賞理由は「個体的および社会的行動様式の組織化と誘発に関する発見」で、動物の行動に関する研究で顕著な発見をした功績が認められたものだ。

　ティンバーゲンはイトヨという淡水魚の本能行動に関する研究をした。彼は魚の動きを水槽で詳細に観察し、仮説を検証するための実験を行った。イトヨの雄は、繁殖期に巣を中心とした縄張りを作り、そこに他の雄が進入すると攻撃する。繁殖期の雄の際だった特徴は、喉と腹が赤いことである。そこで、イトヨの雄の形を忠実に再現しているが腹が赤くない模型と、形は似ていないが腹を赤く塗った模型を使って反応を比べたところ、雄のイトヨは前者には反応せずに、後者にのみ攻撃を加えた。この実験結果は、動物の本能行動が、鍵となる単純な刺激によって引き起こされることを示している。イトヨは小さな淡水魚なので、水槽内における詳細な観察や、仮説を検証するための実験ができる。しかし、対象動物が大型の水生動物になると、飼育が難しく、現場で観察するのは難しい。ましてや広い外洋を広範囲に動き回る動物や、深いところに生息している動物では、野外で観察することはおろか、その存在すらあやふやなものまでいる。

例えばバハモンドオウギハクジラは、これまで骨格しか見つかっていなかったが、二〇一二年にニュージーランドの海岸で、死んで打ち上がった状態で見つかった。しかし、生きて動く姿はまだ目撃されていない。あるいは、大型のヒゲクジラであるツノシマクジラが新種として記載されたのは、二〇〇三年のことだった。

謎の多い大型水生動物としては他にもシーラカンスが挙げられる。シーラカンスは、もともと化石によって存在が知られ、約七〇〇〇万年前に絶滅したと考えられていた。ところが一九三八年に南アフリカで漁獲された個体が幸運にも科学者の目にとまり、現生種の存在が報告された。はるか昔に絶滅したとされるシーラカンスが今の時代に生きていたという事実によって、古生物学者たちには強い衝撃が走った。それ以降、何匹ものシーラカンスが漁獲されたが、生きた個体が海で泳ぐ様子が観察されるまでには、さらに数十年を要した。前述のコンラート・ローレンツのもとで学位を取ったハンス・フリッケは、独自に潜水艇を開発して海中のシーラカンスを探しまわった。そして一九八七年にコモロ諸島沿岸で、生きたシーラカンスを観察し撮影するのに世界で初めて成功した。以後二一年間にわたって研究を続け、泳ぎ方や海底で逆立ちするような行動、活動の日周性や百歳以上の長寿命であることなどを発見した。

シーラカンスのように、ほとんど人目に触れることがなく、その暮らしぶりが何もわかっていない動物ならば、実際に海で泳いでいる姿を少し眺めただけでもわかることはある。しかし、その動物の日々の暮らしぶりや動き方に潜む合理性を理解しようと思ったら、それでは全然足りない。ストーカーのように対象動物に四六時中密着し、じっくりとその生活を観察し続けることによって、初めてその動物を深く理解できるのだ。

陸上動物研究では観察が主体

ローレンツやティンバーゲンと一緒にノーベル賞を受賞したフリッシュは、ミツバチの8の字ダンスの発見で有名だ。8の字ダンスとは、餌場を見つけたミツバチが巣に戻ったときに、蜜のありかを仲間に伝えるために行うものだ。巣の表面で尻を振りながら直線的に進み、その後回れ右をして元の位置に戻る。再び尻を振りながら同じ直線をなぞるように進み、今度は左旋回して元の位置に戻る。そんな特徴的な動きを繰り返す。おそらく過去に何人もの養蜂家が、そのダンスの存在に気づいたことだろう。しかし、そのダンスの意味を初めて明らかにしたのはフリッシュであった。

尻を振りながら直線的に進むと書いたが、その向きは鉛直上向きであったり、下向きであったり、右や左にいくらか傾いたりする。そして、その傾きの角度は、巣から餌場を見たときの方位が、巣から太陽を見たときの方向からどれだけずれているかに一致していた。例えば、巣から太陽を見て左九〇度の方角に餌場が存在する場合、尻を振りながら進む角度は鉛直上向きから左に九〇度傾いている。

さらに驚くべきことに、尻を振りながら進む時間の長さが、巣から餌場までの距離を表していた。餌場が巣から近いと、ミツバチは短時間で完結するように8の字ダンスを行い、餌場まで遠い場合は一回の8の字ダンスを終わらせるのに長時間をかける。

ミツバチのような小さな虫が、この8の字ダンスによって仲間に餌場までの方角や距離を教えているという事実を知ったとき、きっとフリッシュは体が震えるほどの感動を覚えたことだろう。そしてこの発見は、記号化された言語の使用はヒトにのみ特異的なものであると考えられていた当時の常識を覆した。

ミツバチの8の字ダンスに限らず、多くの陸上動物では、詳細な観察によって驚くべき発見が数多くなされている。ところが、海や湖や川の中で暮らす水生動物を調べるのに、観察という手法は多くの場合使えない。陸生動物である私たち人間は水中で呼吸できない。深い海は暗くて冷たいし、高い圧力という障壁もある。身の周りにいる虫をじっくりと観察するようにはいかないのだ。

海洋動物学者の工夫

十分に観察できず、なかなか研究が進まないという状況に対して、海洋動物の研究者たちはただ手をこまねいていたわけではない。ときどき垣間見られる様子から、海の動物についての疑問は次々に浮かんでくる。「必要は発明の母」と言われるとおり、好奇心を刺激された科学者たちは、あれこれ工夫して海の動物たちの謎を解き明かしてきた。

図1・2は、南極海に生息するウェッデルアザラシが水面で呼吸しているときに私が撮影したものだ。南極海の表面は厚さ数メートルの氷で覆われているため、アザラシは氷の亀裂や穴から顔を出して呼吸する。アザラシの隣に浮かんでいるのは、ライギョダマシという体長一・五メートルもある大きな魚だ。水中で捕まえたライギョダマシを水面まで引きずり上げてくるのは、アザラシにとって重労働であるとみえ、いつもよりも呼吸は荒い。片やライギョダマシは、半死半生で口をぱくぱくと動かしている。水面でアザラシが深呼吸を繰り返す間に、魚は最後の力を振り絞り、くるりと反転して逃げていく。アザラシは呼吸しながら

図 1.2　ライギョダマシとともに呼吸穴まで戻ってきたウェッデルアザラシ

図 1.3　定着氷下でライギョダマシを食べるウェッデルアザラシ

も横目で魚を見張っていて、逃げた魚を捕まえ、また水面まで引きずり上げてくる。やがて息が整うと、アザラシは魚を食べ始める。

魚を食べるのは水中だ。厚さ数メートルの板氷の下で、アザラシは頭のほうからライギョダマシを少しずつ噛みちぎっていく。図1・3の水中写真は、二〇〇三年に私が撮影したビデオ映像から抜粋したものだ。講演などでこの動画を見せると、「南極でダイビングですか。すごいですね」などと感心されるが、実はそうではない。アメリカ人のジェラルド・クーイマンが作った水中観察管に入って、普通の家庭用ビデオカメラで撮影したのだ。

人がぎりぎり通れる太さの鉄管の先に、一人だけ座れる程度の小部屋をつなげる。氷に穴を開け、穴にこの鉄管を突っ込んで固定する。縄ばしごを伝って下りていき、小部屋の中の椅子に座れば、側面に設けられた小さなガラス製の窓から水中の様子を覗くことができる。窓を通して見上げると一面白い氷で覆われており、周囲には濃紺の海が広がっている。水族館では動物が水槽に閉じ込められているが、南極では、観察する人が狭い空間に入り、見られる動物は広い三次元空間を自由に泳ぎ回っている。

当然のことながら動物はいつまでも目の前に留まってはくれない。餌を食べ終わると、アザラシはスイーッとどこかに泳ぎ去ってしまう。水中の様子を垣間見ることができてとてもおもしろい反面、動物を見続けられない不満が高まっていく。アザラシはどこまで泳いでいくのだろう？　どうやって餌を捕まえるのだろう？　部分的ではあるが、いったん水中の様子を見てしまうと、見えない部分への興味がかえって高まってしまう。クーイマンも私と同じような不満を感じたはずだ。

観察する代わりに装置をくっつける

クーイマンは一九六三年から六五年にかけて、アメリカ南極基地があるマクマード湾において、ウェッデルアザラシの背中に深度記録計を取り付けた。その実験の前年、一九六二年にアーサー・ドフリースが日本の鶴見精機社製の深度記録計をウェッデルアザラシに取り付けて、アザラシが三五〇メートルまで潜ることを発見した。この装置は最大深度しか記録できないためにクーイマンは不満を感じたのだろう、彼は同社製の深度計の他に、キッチンタイマーを改造してゼンマイ仕掛けの小型深度記録計を自作した。この記録計は記録時間が一時間しかなかったため、ウェッデルアザラシの潜水中に記録が終わってしまうことがよくあったようだ。一九六六年の論文でクーイマンは四三分二〇秒という最長潜水記録を報告しているが、このとき、深度記録計の記録は三三分の時点で停止していた。結局、水中観察管からアザラシが戻ってくるのを目視して、ストップウォッチで潜水時間を計測している。同じ論文で報告した六〇〇メートルという最大深度もまた、彼が自作した装置ではなく、鶴見精機社製の深度記録計により記録されたものであった。しかし、動物に搭載するための小型深度記録計を作成し、それによって潜水深度の時系列データを取得するという新しい研究スタイルがこのときに始まったのである。

クーイマンは一九六七年から六九年にかけて、今度はエンペラーペンギンを対象に深度記録計と水中観察管を組み合わせた野外実験を行った。そして、エンペラーペンギンが最長一八分間、最深二六五メートルの潜水を行ったと報告している。その後も彼は装置の改良を続け、オットセイが最長五・六分間、最深一九〇メートル潜り、キングペンギンが二四〇メートル以上潜ることを発見した。

日本発の深度記録計

クーイマンからはいくらか遅れたが、日本でも独自に深度記録計を作成した人がいた。国立極地研究所の内藤靖彦は、柳計器という測定機器メーカーと共同で、一九八〇年代に歯車を組み合わせたアナログ式記録計を作成した。アメリカ製の装置の記録時間が二週間であった当時、日本製装置の記録時間は三か月に及んだ。

内藤はアザラシの研究で学位を取得した。学生時代に北海道の沿岸を歩き回り、アザラシ漁師と行動を共にして海氷の浮かぶ海で野外調査を行った。氷上で休むアザラシを猟銃で撃ち、小型船を流氷脇につけて飛び移り個体を確保する。その後、船上に引き上げたアザラシを小刀でさばいて皮をはぎ、肉を取った後の頭骨標本を集めるといった地道な調査によって、北海道沿岸に生息する陸岸繁殖型のゼニガタアザラシと流氷繁殖型のゴマフアザラシの生活史に関する研究を進めた(図1・4)。アザラシを捕まえるために流氷に近づく際、気づかれて水中に逃げられてしまうと、もはや手も足も出ない。陸上や氷上にいるときのアザラシを

図 1.4　北海道でアザラシ猟に参加しながら調査する内藤靖彦博士

観察し、ときに捕獲するというやり方を進めつつ、「自分はいったい彼らの生活をどこまで理解できているのだろうか」と自問自答を繰り返したという。水中の動きを調べないことには、アザラシの生活史は理解できないという思いが、記録計開発を促す強い動機となった。

内藤の開発した記録計により、授乳期後の二か月半におよぶ採餌旅行中に、雌のキタゾウアザラシが平均二〇分間の潜水をずっと繰り返していることが判明した。われわれ人間は、自分たちが観察できる陸上や氷上における様子がアザラシのすべてであるように錯覚しがちである。しかし、アザラシは大半の時間を水中で過ごしており、その間の動きを知ることは、アザラシの生活史を理解するうえで必要不可欠なのだ。

次々更新される最高記録

クーイマンは一九六六年の論文でウェッデルアザラシの最長潜水時間が四三分二〇秒、最大潜水深度が六〇〇メートルであると報告した際、「これはアザラシの生理的限界であろう」と考察した。しかし、現在ウェッデルアザラシの最長潜水時間は八七分、最大深度は七四一メートルにまで更新されている。鳥類の潜水記録としては、一九七一年に、エンペラーペンギンの最長一八分間、最深二六五メートルという値が報告されている。しかし、現在ではそれぞれ二七分三六秒と五六四メートルに更新されている。

記録更新には三つほど理由が考えられる。まずは単純に装置を取り付けた個体数が増えたことだ。初めてその種に記録計がつけられた場合、最初の記録は同時に最高記録となる。しかし、個体数が一から一〇、一〇から一〇〇と増えていけば、当然記録は塗り替えられていく。もう一つの理由としては、記録装置の小型化が挙げられる。初めてエンペラーペンギンにつけられた深度記録計は七〇〇グラムあった。体重二〇〜三〇キログラムのエンペラーペンギンにとって、体重の二・三〜三・五パーセントの装置は許容範囲内かもしれないが、泳ぐのに邪魔であったに違いない。二〇一一年の時点でエンペラーペンギンの最長潜水時間である二七分三六秒という記録は、私が報告した。このとき用いた装置は、七三グラムであった。影響がまったくなかったとは言い切れないが、負担はかなり少なかったはずで、それが最大記録更新をもたらした可能性は高い。

装置自体の小型化に加え、動物へ装着する方法の改良もまた重要だ。当初、動物の体に対して相対的に大きめであった装置を取り付けるのには、装着用のチョッキを着せたり、ベルトで体に巻きつけるハーネスを使うのが一般的であった。しかし、装置が小型化するにともない、エポキシ接着剤や瞬間接着剤を使って体毛や羽毛に接着するやり方が採用された。その後、鳥類においてはドイツ製の防水テープ（テサテープ）を使って羽毛と記録計を束ねる方法が考案された。より小型の装置をより洗練されたやり方で取り付けることで、最高記録は今後も更新されていくことだろう。

日本発の新名称「バイオロギング」

年を経てデータが集まるほど最高記録は更新されていくが、最初の記録は永遠に更新されない。例えば、長らく日本サッカー界の金字塔は一九六八年メキシコ五輪の男子サッカー銅メダル獲得であった。しかし、なでしこジャパンが二〇一一年の女子ワールドカップで優勝し、新たな金字塔が打ちたてられた。今後も子どもたちの間でサッカー人気が続けば、いつか男子もワールドカップで優勝する可能性はあるし、個人記録としても日本人から得点王が出るかもしれない。しかし、今後どんなにすごいストライカーが出てきたとしても、例えばワールドカップで最初に得点をあげた日本人男子が中山雅史選手であるという記録は永遠に残る。

動物に小型の記録計を取り付け、野外の生息環境下における動物の生態を調べるやり方を始めたのはアメリカ人のクーイマンである。現在、その手法にはバイオロギングという名前が付き、二、三年おきに国際シンポジウムが開催されている。第一回シンポジウムは、二〇〇三年に日本で開催された。これには、当時内藤教授を初めとする日本のグループが、装置の小型化に加えて、深度や温度以外にも新しいパラメータを測定できる装置を次々と開発し、この分野を牽引してきたことが背景にある。バイオロギングという名称も、そのときに考案された。

カメラを動物につけて〝観る〟

「見えない世界を見てみたい」という好奇心に突き動かされる形で、小型の記録計を動物に取り付けて潜水行動を調べる手段〝バイオロギング〟が生まれた。時系列データから見えてくる潜水行動は、潜水生理学者たちの好奇心を刺激し、潜水生理学分野が大きく進んだ。

一方、潜っていったその先で、動物たちはどんな餌をどのようにして捕らえているのだろう。

水生動物の動きを直接観察できないがゆえにバイオロギングが生まれたわけだが、「やっぱり見てみたい」という思いは誰もが抱いていた。そこで、いかにもバイオロギングらしくその要求を満たすため、小型の静止画像記録計やビデオカメラを水生動物や飛ぶ鳥につけ、彼らと同じ視点で辺りを見回すという試みが始まった。研究対象となっている動物と同じ視点から彼らの生息環境を眺めてみると、研究者が勝手に思い抱いていたものとは異なる状況が色々と見えてくる。動物カメラを使って得られた研究成果については、第2章で紹介する。

見えない世界では音が重要

「百聞は一見に如かず」ということわざがある。「人から何度も聞くより、実際に自分の目で見るほうが確かであり、よくわかる」という意味で、間接的に得る情報ではなく、直接自分で得る情報の重要性を指摘する言葉だ。字面だけをみると、「見る」という視覚情報を、「聞く」という聴覚情報の上位に置いている。いかにも、陸上動物である人間が考えたことわざだ。もし水生動物が、例えばイルカが同じ意味のことわざを作るとしたら、「百見は一聞に如かず」とするはずだ。

「バカだねえ人間は。見た目にだまされているよ」とイルカは思っているだろう。例えば我々は、見た目が良い食べ物をおいしく感じ、化粧やつけまつげ、あるいは寄せて上げるブラをした女性に魅了されてしまう。男の側もシークレットブーツやカツラなど、あの手この手で見た目を良くしようと頑張っている。しかし、イルカの世界ではこの見かけをだますやり方は通用しない。音波を発して物体からの反射波を聴き、物体までの距離や方向、物体の厚さや材質などを把握できる彼らにとっては、スリーサイズどころか、皮下脂肪層の厚さまでお見通しなのだ。

視界の効かない水中で暮らしている動物が、視覚ではなく聴覚に頼るのは当たり前だ。そんな彼らを理解するのに、音響を用いた手法は非常に有効だ。第3章では音響を使った手法で明らかになったイルカの暮らしぶりを紹介する。

想定外の発見

バイオロギングや音響という新たな手段を得て、これまで「チラ見」しかできなかった海の大型動物を研究対象にできるようになった。そして、バイオロギングや音響という手法は、観察に準ずる隔靴搔痒な手段ではなく、観察を主たる方法として進める研究とは異なる視点をもたらしてくれることもまたわかってきた。

例えば、バイオロギングによって得られるパラメータとして、加速度がある。観察できない動物の動きを、加速度センサーによって捉え、一秒間に数十データという細かさで記録する。これによって、例えば、泳いでいるときのペンギンやアザラシが、どれだけ一生懸命に翼やひれを動かしているのかがわかる。しかし、「動かしていない」こともまたわかるのは「想定外」だった。

動物の行動を観察していると、動物が実にさまざまな動きをしていることがわかる。その動きをすべて記述することは不可能だ。ビデオで撮影すれば、とりあえず映像記録はできるが、後から見返して数値化し解析するためには、研究者ごとに何らかの着目点を持たねばならない。結果的に、観察による行動研究では、研究者が事前に着目する行動のみが数値化され、そうでない部分は記録されないことになる。

一方、バイオロギングでは装置がただひたすらに記録を続ける。その結果、観察したかったことも、当初観察しようと思っていなかったこともひっくるめて記録されてしまう。動物はいつでも泳いだり潜ったりしているわけではなかった。あるいは、泳いでいるときでも、常に頑張っているわけではないという事実が見えてきた。第4章で紹介する。

さらに、十分な観察がなされていたはずの陸上動物にもバイオロギングは有効であった。データロガーを乗せてみたら、あれれ、という意外な結果が得られてしまった。そしてその結果を反芻しているうちに、水中・陸上に共通の野生動物像らしきものが見えてきた。世間の人々が抱いているイメージとはちょっと異なる野生動物の姿を第5章で紹介したい。

2

他者に依存する海鳥

動物カメラで調べる

動物はなぜ潜るのか

小型の記録計を動物に取り付けるバイオロギングによって、アザラシやペンギンといった動物が予想を超えて深く長く潜ることがわかった。一回の潜水が深くて長いだけでなく、数十回以上も繰り返し潜る能力を持っていた。極端な例としては、第1章で紹介したキタゾウアザラシの雌が挙げられよう（図2・1）。アザラシは海で過ごす二か月半の間、昼も夜も関係なく、平均時間二〇分、深度五〇〇メートルに達する潜水を、わずか二・五分間の水面滞在時間を挟んで延々と繰り返す。出発した砂浜に戻ってきたときに、アザラシの体重は増加しているので、海で餌を捕らえていたのは確かだ。だから、彼らが潜水を繰り返す主な目的が餌とりであるのは間違いない。

図 2.1　装置を取り付けたキタゾウアザラシと内藤靖彦博士．1980 年代中頃の撮影

しかし、何を餌として食べているのか、一回の潜水で何回くらい餌に遭遇しているのか、

具体的にどうやって餌を捕獲しているのか、あるいは、餌とり以外の目的でも潜るのか、などなど、謎は山ほどある。観察できる陸上動物を対象とした研究が高いレベルに到達しているだけに、深度記録のみで水生動物の採餌生態を調べるというやり方は何とも歯がゆい。

周辺の餌分布状況を調べたい

動物がいかに合理的に餌をとっているのか理解するためには、周辺の餌分布に関する情報が必要不可欠となる。第1章に登場したフリッシュのノーベル賞につながった8の字ダンスの発見も、巣の周辺にある蜜の分布と照らし合わせて機能が理解されて初めて人々を驚かせた。

水生動物を対象に始まったバイオロギング研究では、ある疑問が当初より指摘されていた。それは、アザラシやペンギンがなぜ太陽光が届く有光層よりも深くまで潜るのかということだ。

南極海では、気温が低く表層の水が冷やされる。冷やされて密度が大きくなった海水は下に沈んでいく。それを埋め合わせるように深いところから表層へと海水が運ばれる。栄養塩が多く含まれる海水が下から上がってきて太陽光を浴びると、植物プランクトンが大増殖する。植物プランクトンが増えると、それを食べるオキアミが増え、オキアミが増えるとそれを餌とする小魚が増える。したがって、オキアミや魚を食べているアザラシやペンギンは、二〇〇メートル以浅の有光層で餌をとっているはずだと考えられてきた。ところが、バイオロギングによって実際に調べてみると、二〇〇メートルを大きく上回る深さまでアザラシやペンギンは潜っていた。そこに何らかの餌生物が大量に存在するはずなのだが、どんな生物がどれほどいるのかわかっていなかった。

観測船を使った調査をするにしても、南極海は表面が厚い氷で覆われているため、網を使った調査どころか、航行するだけでも一苦労だ。そこで、現場で餌とりをしている動物自身に、周辺の餌分布情報をとってこさせる試みが始まった。動物に深度記録計と同時に小型のカメラも付けて、動物と同じ目線の画像を撮ろうというのである。

動物カメラ

アメリカと日本とイギリスの研究グループがライバルとして競り合う形で、一九九〇年代初期の動物カメラ研究を牽引した。私自身は日本チームの一員として、最初のカメラを携えて一九九八年から二〇〇〇年にかけて日本の南極昭和基地で過ごし、ウェッデルアザラシを対象とした野外実験を実施した(図2・2)。ウェッデルアザラシから世界初の映像をとることに関しては、アメリカのテキサスA&M大学のランディ・デービスに一年先を越されてしまったが、私たちも一九九九年に成功した。そして昭和基地から帰国した二〇〇〇年の秋に、今度はアメリカの南極マクマード基地に向かい、アメリカの研究グループと共同研究を実施

図 2.2　背中にカメラを搭載したウェッデルアザラシ

した。

デービスたちのグループは、ビデオカメラを取り付けて動画を得て、ウェッデルアザラシが氷の下面のくぼみに潜む魚を食べるために、空気を吐き出して魚を追い出すといった高等戦術をとっていることなどを発見した。日本の研究グループは、三〇秒ごとにフラッシュが点灯し静止画像を撮影するカメラを用いた。その結果、深い潜水を繰り返すウェッデルアザラシが、三〇〇メートル付近で餌となる小魚を捕らえるシーンの撮影に成功した（図2・3）。さらに、映っている粒状の物体の数や画面に占める投影面積から、餌分布の指標を算出し、深度ごとの餌分布密度を推定した。従来、人々が考えていたのとは異なり、表層付近の餌分布密度は低く、二五〇メートルより深いところで餌分布密度は高くなっていた（図2・4）。理屈の上では太陽光が届く浅い深度に餌生物が多いはずだが、実際はそうではなかった。アザラシは餌生物分布の実態に合

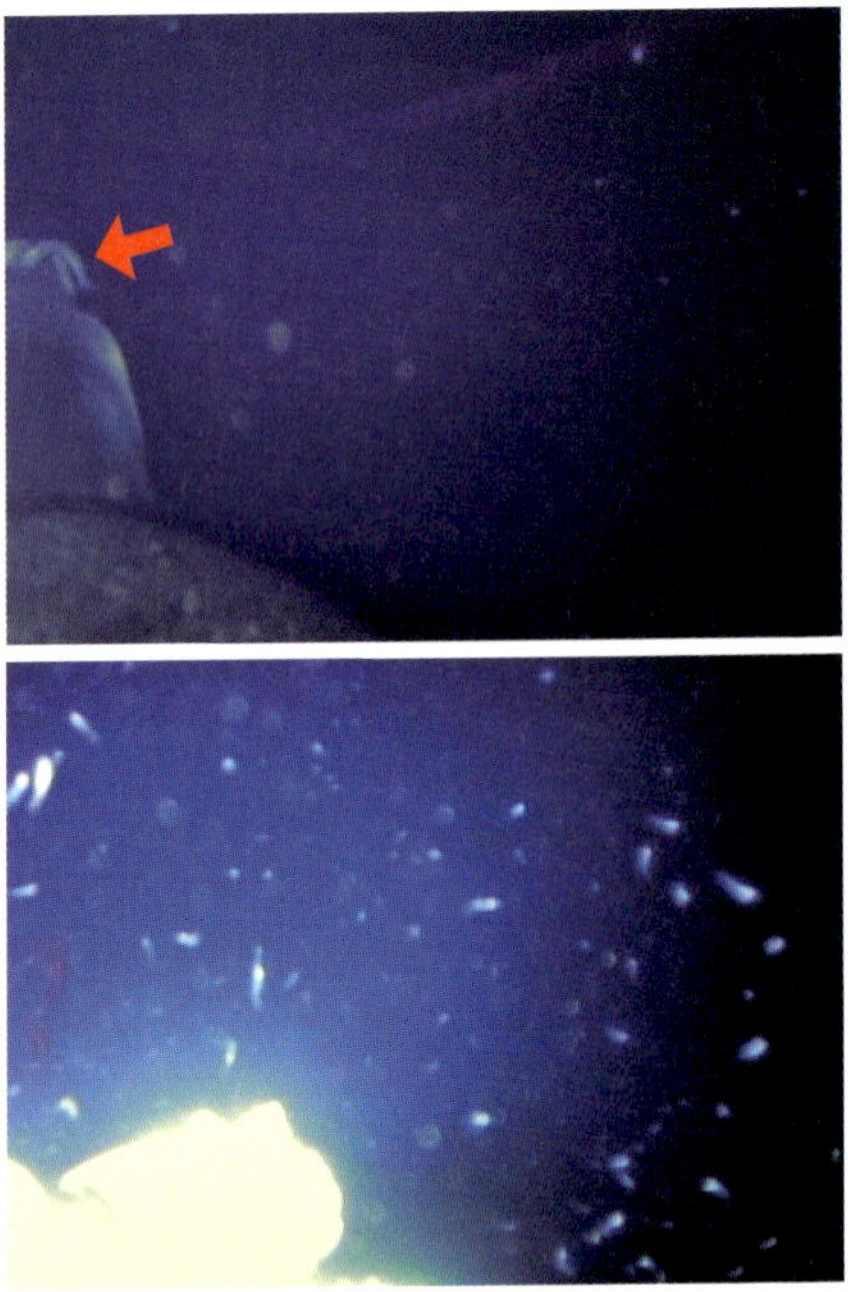

図 2.3　(上) ウェッデルアザラシの背中に搭載した静止画像記録計により，314 m の深度で魚とおぼしき餌(矢印)を捕獲するシーンが撮影された(Sato et al. (2002)より). (下) ウェッデルアザラシに搭載した静止画像記録計で得られた画像. 左下の白い物体は，カメラの前に位置する行動記録計. それ以外の青地に餌生物とおぼしき物体が白く映る(Watanabe et al. (2003) より)

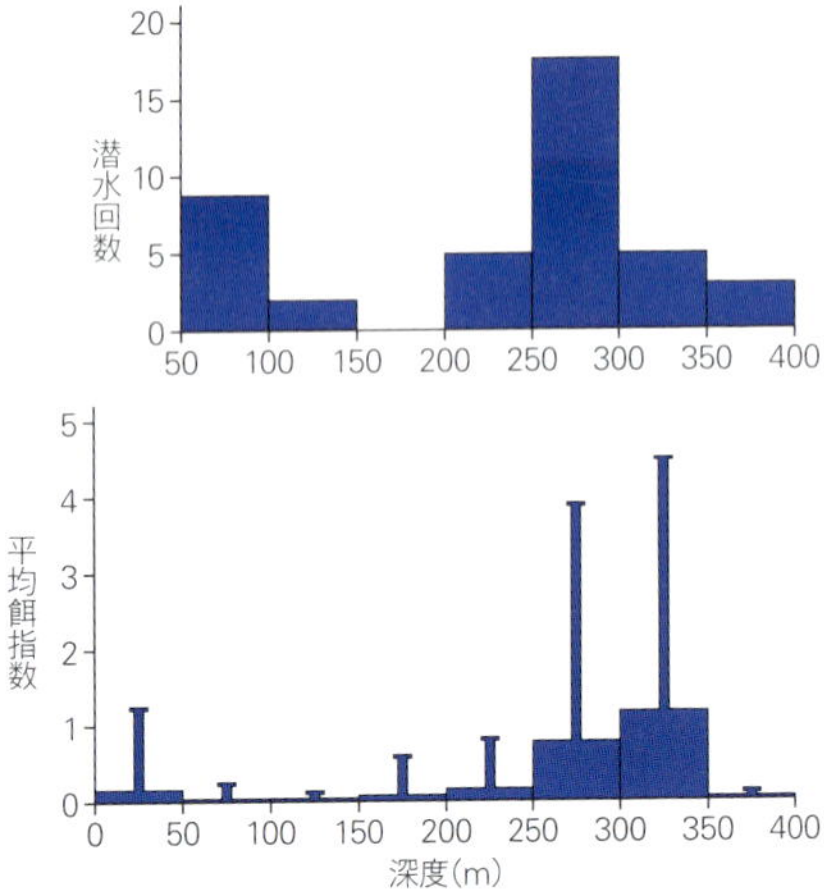

図 2.4　ウェッデルアザラシの深度ごとの潜水回数と餌指数鉛直分布の関係. 棒グラフから伸びる線は標準偏差. 深度 250 m を超えると有意に餌指数が大きくなる(Watanabe et al. (2003)より)

わせて、餌が多い深度への潜水を頻繁に繰り返していたのだ。

予想外の展開

ウェッデルアザラシにカメラを搭載することで、採餌生態について期待通りの発見があったが、想定していない方向にも研究は進展した。アザラシの潜水行動を見ると、二〇〇メートルを超える潜水を何度も繰り返し、総潜水時間は一日の数十パーセントになる。これは、それだけ熱心に餌とり潜水をしていたと理解できる。不思議なのは、五〇メートルよりも浅い潜水も頻繁に行うことで、ときにはその時間割合は一日の六〇パーセントにも達した。カメラを見ても餌となりそうな生物は何もなく、真っ青の海、あるいは、ときどき白い氷が映っているのみだ。

この浅い潜水は、餌とり以外を目的としていると考えられる。カメラを付けたのは、授乳期間中の雌アザラシだ。いずれも乳飲み子を一頭ずつ伴っている。授乳期の初期、子どもは氷上で待っているが、生後二週間を超える頃から、子どもも水中に入るようになる。子どもにも深度記録計を取り付け、得られた深度時系列データを親子で重ねてみると、ぴたりとその形が一致した。そこで、それまで前向きに取り付けていたカメラを後ろに向けてみると、母アザラシのすぐ後ろを付いて泳ぐ子どもの映像を得ることができた（図2・5）。

ウェッデルアザラシの子どもは五〇日間の授乳期間を終えると独り立ちする。したがって、

図 2.5　生後 23 日のウェッデルアザラシ新生仔雄（Sato et al. (2003)より）

この短い授乳期間中に泳ぎや潜水の能力を急激に向上させ、餌とりを学ばねばならない。母アザラシは未熟な子どもに授乳して大きく体を成長させるだけでなく、一緒に浅い所を泳いでやることで、子どもの能力向上を促しているのであろう。

人間の母親の多くは熱心に子どもを教育する。アザラシも同じことをしている可能性は当然ある。これまで、バイオロギングによる水生動物の行動研究では、個体がいかに効率よく餌を捕らえているかが主な研究テーマであった。動物搭載型カメラによって、水生動物を対象とした採餌生態研究は大きく前進したが、それ以外にも研究するべき課題が多く残されているようだ。

他人にくっついて飛ぶカツオドリ

その後カメラは小型化し、今では飛ぶ鳥にも付けられるようになった。インターネットで検索すると、超小型のビデオカメラが売られている。水辺のレジャーを想定してか、数メートル程度の耐圧防水ケースに収められているものも多い。名古屋大学の依田憲は、そんなカメラをカツオドリに付けておもしろい発見をした（図2・6）。

実験は二〇一〇年に、沖縄県・西表島の南西一五キロメートル沖合に浮かぶ無人島、仲の神島で行われた。カツオドリは一度に二個の卵を産み、先に孵化した雛は、二番目の雛が孵化するとつついて巣の外に追い出してしまう。親鳥は最初の一羽だけを育てるので、二番目の雛は死んでしまう。依田たちはこの巣から追い出された雛を拾って、親代わりになって育て上げた。カツオドリは一〇〇日間ほどで巣立つが、その後もしばらく親に餌をもらう「巣立ち後世話期間」がある。この間に、幼鳥にビデオカメラを取り付けた。鳥は早朝に海に出かけ、ひとしきり餌をとった後に、夕方また育ての親の元に戻ってくるので、簡単にカメラを回収できる。

未熟な幼鳥は一人で飛ぶよりも、同種の他個体を追いかけて飛ぶことが多く、さらに同じ幼鳥よりも、成鳥の後を追いかけて飛ぶことが多かった。アザラシの場合、子どもは自分の母親を追いかけて泳いだが、カツオドリはよそのおじさんやおばさんを追いかけて飛んでいるのだ。自分と同じ未熟な子どもではなく、大人の後をついて行くとは、なかなかのちゃっかり者だ。カメラを付けた幼鳥は、同じカツオドリや他の海鳥を見つけては海面で休んだり、

図 2.6　(上)背中にビデオカメラを乗せたカツオドリ.（下)カツオドリの背中に乗せたカメラが撮影した映像(Yoda et al.,（2011）より)

餌を捕らえるために空中から水中に飛び込んだりした（図2・6）。広い海で餌のありかを探すのはきっと難しいのだろう。そんなとき、カツオドリの幼鳥は他の海鳥たちがいる場所を目安にしていたのだ。

シャチのおこぼれを失敬するアホウドリ

子育て中のアホウドリに静止画像カメラを付けた研究からは、アホウドリの意外な餌とり方法が見えてきた。国立極地研究所の高橋晃周と北海道大学の坂本健太郎は、二〇〇九年一月、南大西洋のサウスジョージアにあるバード島で、子育て期のマユグロアホウドリ成鳥に静止画カメラを取り付けた。成鳥はその後、海に数日間の餌とり旅行に出かけ、餌を捕らえた後、雛に与えるために巣まで戻ってくる。巣にいるところを再捕獲し、カメラを回収した。

海を飛んでいる間の映像は、ただひたすら青い海面が映っているばかりであったが、一羽から得られた画像には一頭のシャチが映っていた（図2・7）。映像には三羽のアホウドリも映っていたので、カメラを付けた個体も含めて、最低四羽がシャチを追いかけて飛んでいたことになる。アホウドリたちは少なくとも三〇分間シャチを追いかけ、その後着水した。

マユグロアホウドリの餌は、巣に戻ってきたところを捕獲して吐き戻させて調べる。過去の調査から、イカや魚やオキアミを食べているのがわかっている。不思議なのは、深いところに生息している魚種も頻繁に胃の内容物に見つかる点だ。マユグロアホウドリは、その他のアホウドリと同様に細長い翼を持ち、長距離飛翔に特化した形態を持っている。そのため、水中に潜るのはあまり得意ではない。坂本らのデータでも最大四・一メートル、最長一一秒間の潜水が記録されているのみだ。その程度の潜水能力しかないアホウドリが、どうやって

図 2.7　(上)海上を滑空するマユグロアホウドリ．カメラを付けた個体ではない．(下)マユグロアホウドリにつけたカメラで撮影した映像(Sakamoto et al., (2009)より)

深いところに生息する餌を食べているのかという疑問に対し、得られた映像データから「シャチのおこぼれを頂戴する」のがわかった。他の映像には漁船とおぼしき船も映っており、アホウドリはシャチや漁船に依存して餌とりをしているという実態が浮かび上がってきた。

サバや漁師を使って餌をとるオオミズナギドリ

私の研究室でも、鳥にビデオカメラを付ける試みを続けてきた。オオミズナギドリは体重が六〇〇グラム前後の海鳥だ。バイオロギング研究者のあいだでは、体重の三〜五パーセントが取り付ける装置サイズの上限であるとされている。六〇〇グラムの三〜五パーセントというと一八〜三〇グラムだ。市販の超小型ビデオカメラがだいたいこのサイズとなっている。そこで、私たちの研究グループでは、このカメラを分解し、基板やレンズやバッテリーといった必要不可欠な部品のみを取り出し、特注のプラスチックケースに入れた(図2・8)。オオミズナギドリは明け方に繁殖巣のある島を出発し、海で餌をとる。餌をとり始めるのは早くても数時間後なので、撮影開始時間を遅らせる必要がある。そこで、それまで私たちの使ってきた装置を作ってくれたメーカー(リトルレオナルド社)に、撮影開始を遅らせるタイマーを作ってもらった。これをカメラモジュールに組み合わせてプラスチックケースに入れ、鳥に付けた。

映像を見ると、オオミズナギドリは同種の他個体が水面にいるとそこに自分も舞い降りるという行動指針で振る舞っているようであった。要するに、オオミズナギドリも前述のカツオドリも他人が餌をとっているところに自分も参加すると

図2.8　オオミズナギドリの腹に付けたビデオカメラ

いうわけだ。人間の世界でも行列があるととりあえず並んでみる人や、バーゲンセールで皆が盛り上がっていると、ついつい自分も何か買ってしまう人がいる。そんな姿はしばしば人の笑いを誘うが、野生動物も似たような方針で振る舞っているとなると、その行動には生きていくうえで何らかの合理性が潜んでいるのかもしれない。

海面に舞い降りたオオミズナギドリが頭を水中に入れて浅く潜ると、そこには多くの場合、サバやブリなど魚食性の大型魚がいた（図2・9）。

オオミズナギドリにはカツドリ（カツオドリ）とかサバドリという地方名がある。これは、カツオやブリを漁獲する漁師の間でもっぱら使われている名称だ。漁師は経験的に、鳥山の下に獲物となる大型魚がいるのを知っている。我々研究者はオオミズナギドリに小型ビデオを取り付けて得られた画像データによって、それを検証したことになる。

私たちがオオミズナギドリ調査を進めている岩手県沿岸海域では、大規模な定置網漁業が

図 2.9　2011 年にオオミズナギドリカメラによって得られたブリの映像

津波に負けない

2011 年 3 月 11 日に東北地方をおそった大地震とそれによる津波により、岩手県沿岸は甚大な被害を被った。津波から 1 か月弱が経過した 4 月 7 日、私は大学院生とともに山田町船越湾漁港を訪れた。船越湾に浮かぶ無人島でオオミズナギドリ調査を行う際、いつもこの港から船を出してもらい島に渡っていた。変わり果てた港で、漁師の阿部さんと再会し、お互いの無事を喜び合った。阿部さんの自宅は津波をかぶらずにすんだが、漁船を初めとする多くの漁具を失い、漁業再開の目処は立っていなかった。ふさぎ込んでいてもおかしくない状況のなかで、なぜだか阿部さんはちょっとだけ嬉しそうに「こっち、こっち」と我々を導いていく。曰く、「大きい船はなくなったが、小さい船は瓦礫の中で見つかった。9 月までには直るから鳥調査には間に合う」。私たちは、その年の調査をあきらめていただけに、初めは大いに戸惑った。しかし、阿部さんが「できる」という以上、「やらない」という選択肢はありえない。島に行ってみると、一部波をかぶった場所もあったが、オオミズナギドリ繁殖地は無事であった。かくして、2011 年 9 月も例年通りの調査を実施し、大津波に襲われた年のデータを得ることができた。

(上)瓦礫の中に見つかった漁船
(右)オオミズナギドリの巣穴を覗く大学院生

盛んだ。定置網で捕獲されるウミガメやマンボウをもらい受けるために、時々定置網漁の漁船に乗せてもらう。漁獲物を回収するために、袋網を引き上げていると、ウミネコやオオセグロカモメといった海鳥がやってきて、漁船から投げ捨てられる小魚をかすめとっていく。海鳥からすれば、苦手な水中に潜ることなく魚を食べられるので、文字通り「おいしい話」なのだろう。

以前の調査で、島で捕獲したオオミズナギドリから胃の内容物を採集したら、一見しただけでは種がわからない肉片が出てきた。DNA分析したところ、マンボウという判定結果が出た。岩手県沿岸の定置網漁業では、六月から一一月にかけてマンボウが捕獲される。捕獲されたマンボウは漁船の上で解体され、筋肉以外の皮膚や骨は船上から海に投げ捨てられる。そんなおこぼれを頂戴して、オオミズナギドリは自分で捕れるはずもないマンボウの肉片を食べたのだろう。

手探りで餌をとるヨーロッパヒメウ

スコットランドのメイ島にヨーロッパヒメウという海鳥が繁殖している。この島は、島周りの岩礁地帯にある巣を飛び立った後、羽ばたき飛行で島の周辺、あるいは最大で二〇分間ほど移動したところで餌を漁る。前述のアホウドリやオオミズナギドリと違って、ヨーロッパヒメウは一〇~四〇メートルほどの深さまで潜って餌をとる。潜るときは翼をたたんで、両足で水をかいて泳いでいく。海底が岩場の場合は、水平方向に泳ぎ回って餌を追いかける。

静止画像カメラを取り付けて調べたところ、岩場では主にギンポという魚を捕らえていた(図2・10)。ヨーロッパヒメウにバイオロギング手法を持ち込む前から現地の研究者によって三〇年以上におよぶ野外調査が継続されており、データロガーを使わないでやれることはすべてやっているのではと思えるほど、ありとあらゆる調査がなされている。例えば巣に戻

図 2.10 (上)背中にカメラを装着したヨーロッパヒメウ.(下)ギンポを捕らえたヨーロッパヒメウ. 2005 年撮影

図 2.11　海底の砂地に嘴を突っ込んで餌を漁るヨーロッパヒメウ

ってきた鳥を捕まえ、胃内容物を採集したところ、ヨーロッパヒメウの主な餌はイカナゴであった。イカナゴというのはギンポとは違って砂地の海底付近に生息しており、砂の中に細長い体を埋めて夏眠する習性を持つ。カメラを使った調査から、ヨーロッパヒメウがどうやってイカナゴを捕らえているのかがわかった。

視覚で見つけられない砂に潜ったイカナゴを、ヨーロッパヒメウは嘴《くちばし》を砂地に突っ込んで探り当てていた（図2.11）。まるで、潮干狩りのときに足先や指先を砂の中に突っ込んでアサリを探るようなやり方だ。砂地で採餌しているヨーロッパヒメウに付けたカメラには、カメラを乗せた個体以外のヨーロッパヒメウも多数映っていた。岩場でギンポを追いかけているときは装着個体以外の個体が映らないのと対照的に、砂地では複数の仲間たちと一緒に餌を探るようであった。複数個体で探ると餌が見つかる確率が上がるのか否かを今後調べていきたい。

「見えない」ことで「見えてくる」ものがある

カメラを使ったバイオロギングでさまざまな研究成果が得られているが、もちろん毎回うまくいくわけではなく、数々の失敗をしてきた。

インドのガンジス川にインドガビアルというワニが生息している。個体数が数百頭まで減っているため、インド政府はその保護を目的とした調査を進めている。インドＷＷＦとの共同研究として、二〇〇九年にガンジス川を訪れた。私は、ワニの頭や背中に深度や加速度など、動物の動きを測定できる装置や、小型のカメラを取り付けた(図2・12①②)。ワニの視点で生息環境を撮影しようと思ったのだ。生態がほとんどわかっていない絶滅危惧種を対象に、保護を目的とした科学調査をする場合、その動物がどんな環境で過ごしているのかを知るのは重要だ。川のよどみにいるのか、それとも瀬にいるのか。川岸に上がるとしたら、どんな場所を好むのか、そういった個体周辺の微環境について、カメラによる映像記録から調べようと考えたのだ。

紆余曲折を経て、ようやく回収した装置からデータをダウンロードし、早速映像を眺めてみたが、大いに落胆させられた。水面付近ではかろうじて二〇センチメートル先まで映っているものの、ワニが五〇センチメートルも潜ると真っ暗で何も見えないのだ(図2・12③)。たしかに、川岸から見てもガンジス川は濁っており、「そりゃそうだ」と納得した一方で、「ワニにとっても状況は同じ」であるのに気がついた。ガンジス川は極端な例かもしれないが、どんなに透明度が高い所でも水中で視界が効くのはせいぜい数十メートル。陸上では数キロ

図 2.12　① 頭部に行動記録計を取り付けた．② 行動記録計を付けてガンジス川を泳ぐ様子．③ 背中に付けたカメラによって撮影した映像．20cm ほど先にいる小魚が，かろうじて認識できる．④ インドガビアルの口はとても細い

メートル先の獲物が見えるし、空を見上げれば遥か彼方の雲や太陽や星が目に入る。陸上動物は雲の様子から天気の推移を予測しているだろうし、自らの進むべき方角を知るのに太陽や星の位置を利用している。陸上動物は日々の暮らしで視界に大きく頼っているかもしれないが、視界が遠方まで届かない水生動物ではそういうわけにはいかない。

「濁ったガンジス川の中では視覚が効かない」ことを意識しながらガビアルの形を見ているうちに、ある仮説を思いついた。ガビアルはワニの一種だが、一般的に思い浮かべるワニとはずいぶん異なり、口がとても細い（図 2・12④）。よく見ると、閉じた口からは歯が棘のように出ており、たとえていうなら鬼の金棒だ。ガビアルはこの嘴を水中で振り回して、魚を叩くようにして餌を捕らえているのではなかろうか。視界の効かない水中でじっと待ち、何かが嘴に振れたとたんに激しく振り回す、そんなやり方で餌を捕らえているのかもしれない。検証するべき今後の課題だ。

動物目線で見えてきたこと

動物に装置を取り付け、彼らの目線で行動や水中の環境を調べられるようになって二〇年以上が経過した。その研究成果を列挙してみると、想定外の発見が多いことに気がついた。動物の生態研究では、何かを始める前にまず何を明らかにするのか目標を立て、それを達成するために手段を選び、野外調査や実験を行うのが通例だ。研究を始めると、なかなか目標は達成できないもので、予想外の結果がもたらされることも多い。想定外の結果のほうがおもしろかったりすると、当初目指していた目標とは別の路線に研究が発展することもある。

ものの本によると、ノーベル賞に至るような大発見というのはこのパターンが多いそうだ。バイオロギングでは、まだノーベル賞に至った発見はないが、想定外の脱線はしょっちゅうある。明らかにしたいと思っていたことについては何もわからないのに、まったく別の方向で発見があったりする。最初は不本意に思っていたその結果を噛みしめているうちに、実は当初想定していた目的よりも重要な発見であると気がついたりする。

バイオロギングの一つに動物搭載型小型カメラがあり、直接観察できなかったはずの世界を観察できるようになった。見えなかったものが見えるようになったのは良いことだ。しかし、さらなるメリットがあるのに気がついた。直接対象動物を観察する場合、研究者ごとに注目するところは決まっていることが多い。当然のことながら、その研究者が調べたいと思っている行動やイベントの回数が記録される。一方で、着目点から外れる行動やイベントは、目には入っていても印象に残らず、結果的に記録に残らない。人間の目というのは、観察者が思っている以上にバイアスがかかっている。一方、動物搭載型カメラは研究者の意図とは関係なく、目の前に飛び込んできた情景を淡々と撮影する。期待に添った映像はめったに得られない。しかし、期待していたものとはまったく異なるけれども、おもしろい映像が得られることは多い。動物搭載型カメラを使ったバイオロギングは、仮説発見型の調査方法なのだ。

3

盗み聞きするイルカ

音で調べる

カメラも万能ではない

ガンジス川のガビアルというワニにカメラを付けても濁った水中では何も映らなかった、というのは第2章で紹介した話。そのことから考えると、ガビアルは視覚以外の感覚を使って餌をとり、移動し、生活をしているだろう。視覚に頼らない生活をしている動物のことを本当に知るためには、その動物の用いている視覚以外の感覚のことを調べなければならない。それぞれの動物が感じている世界というのは動物ごとに違う。その動物ごとに異なる知覚の世界のことを「環世界」と呼んだのは、ヤーコプ・フォン・ユクスキュル。この考えを下地として、第1章で出てきたローレンツ、ティンバーゲン、フリッシュらが動物行動学を発展させた。私たちは私たちの感じる世界のみで動物を理解するのではなく、動物の環世界を理解しなければならない。したがって「百聞は一見にしかず」の動物カメラもすべての動物に万能ではないのだ。

ガビアルの棲むガンジス川には、ガンジスカワイルカという淡水性イルカが棲んでいる（図3・1）。くちばしが長く、ガビアルとどことなく似ている気がするが、目がかなり退化しており、光を感じる程度の感覚しか持たないとされている。そんなガンジスカワイルカは音を使ってまわりの環境を調べる、つまり「見て」いる。このように、音を使って「見る」

図 3.1 眼が退化したガンジスカワイルカ

能力を、エコーロケーション（エコー＝こだま、反響。ロケーション＝位置を知る）と呼ぶが、イルカはこの能力を水中で進化させたおかげで、こうした濁った水や夜間、あるいは深く暗い場所でもまわりを調べ、餌をとることができる。

視覚を利用する動物は何も出さない。つまり、対象物から光がやってきて、それを目が受け取ることで情報を得る。ところがエコーロケーションの場合、動物が音を出し、対象物に跳ね返った音を再度聞くことにより情報を得る。その結果、イルカが今、何を調べているのかが傍から「聞こえる」という、おもしろい現象が起こる。したがって、イルカの音を調べると、イルカの「見て」いるものがわかる。イルカを音で調べることは「動物（イルカ）目線」で調べることに他ならないのだ。

その他、水生動物はさまざまな音を出し、他個体とコミュニケーションを行っている。本章ではエコーロケーションを行うイルカを中心に、彼らの「目線」やコミュニケーションについて、音で調べることでわかってきたことをご紹介したい。

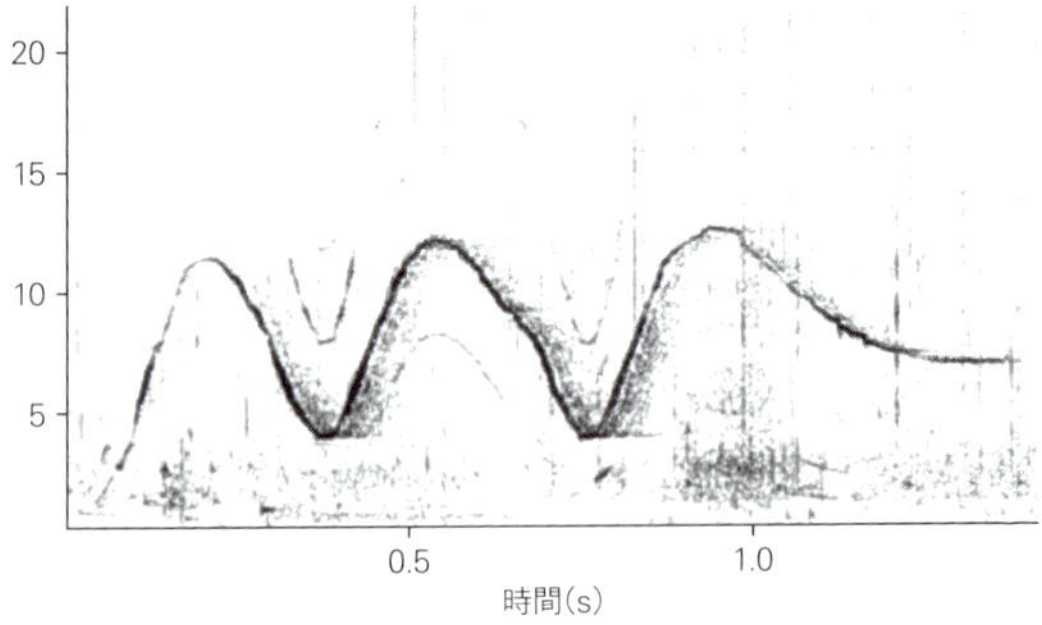

図 3.2　ミナミハンドウイルカのホイッスルのスペクトログラム

海は「音の世界」だった

音は目に見えない。確かにうぐいすは「ホーホケキョ」と鳴くし、犬は「ワンワン」と吠える。しかしこう書くだけでは音の高さや長さなどは他の人に伝わらない。英語を話す人は犬の声を「バウワウ」と聞くし、日本人も昔は犬の声を「びよびよ」と表現していたということであるから、表現する人間側の問題が大きくかかわってしまう。これでは科学的な研究を行うことが難しい。何とか数値化し目で見えるようにしなければならない。

その方法の一つが、(サウンド)スペクトログラムだ。「ソナグラム」とも呼ばれる。横軸に時間、縦軸に周波数(音の高さ)を取り、音を視覚化する。音の強さはその濃淡で表現される

（大きい音は濃い）。図3・2は、伊豆諸島の御蔵島に棲息するミナミハンドウイルカというイルカの鳴音の一種、ホイッスルのスペクトログラムだ。横軸に示した時間軸（秒）に沿って見ると、まず低い音からだんだん高くなり、次に再び音が低くなり、また高くなり、低くなり、高くなり、そして最後に少し低くなって終わる、という音だ。音の強さは〇・三秒付近から〇・八秒付近で強くなっているのがわかる。

音が伝わるとは、水や空気などの媒質の圧力変化（疎・密）が伝わる現象のことを言う。音の高さは周波数、つまり一秒間の振動数（疎・密が何回繰り返されるか）で表す（単位はヘルツ）。音の速さは媒質の条件によって変わるが、気温二〇度の空気中では一秒間に約三四〇メートル。しかし水中では、同じ温度なら一秒間に約一五〇〇メートルも進む。つまり、水中は音が非常に速く、効率よく伝わる環境といえる。だから水中の動物の多くは、音を使ってコミュニケーションをとる。私たちが水に潜るときは、耳の中に空気の層ができるので、音がよく聞こえるという実感がない。そのため意識されることは少ないが、実は海の中は「音の世界」なのだ。

人間に聞こえる音、動物に聞こえる音

私たちには、全ての音が聞こえているわけではない。個人差も大きいが、人間に聞こえる音の周波数の範囲はだいたい二〇ヘルツから二〇キロヘルツ（二万ヘルツ）までといわれてい

る。人間にとっては高くて聞こえない音を超音波、低すぎて聞こえない音を超低周波と呼ぶ。しかし他の動物にはもっと高い音や低い音が聞こえ、イルカは一五〇キロヘルツくらいまで、つまり人間の限界の八倍くらい高い音が聞こえている。コウモリもかなり高い音まで聞こえているが、低い音は聞こえない。私たちが普通にしゃべっている声は、イルカやコウモリにはあまり聞こえていない。逆にシロナガスクジラが出す音は、だいたい一〇〜二〇ヘルツくらいで、低すぎて私たちには聞こえない。したがってこれらの動物の鳴音を研究するには、私たちには聞こえない音を録音する機械と解析装置、もしくは聞こえない音を聞こえる高さに変調する機械（陸上ではバットディテクターが有名）が必要となる。

人間に音が聞こえる仕組みはこうだ。まず耳の穴から音が入り、鼓膜を振動させる。この振動が、耳小骨で増幅される。その信号が、渦巻き管中のリンパ液などを震わせる。渦巻き管中にはたくさんの毛をもつ細胞（有毛細胞）があり、これがある周波数に特異的に反応するようになっている。その信号が神経によって脳に送られ、「あ、音が聞こえた」となる。

イルカには耳介がない。耳の穴の痕跡はあるが穴はふさがっている。ではどうやって音を聞いているのか。現在の説では、下あごから音が入り、下あご後方の骨が薄くなった部分から内部の脂肪層などを通じて、耳小骨や渦巻き管に伝わるとされる。一方、どうやって音を出しているのかに関して、現在の説では、鼻の穴の上の奥あたりで鳴音を出しているとされている。要するにイルカは、鼻で鳴いてあごで聞く、というわけだ。

イルカのエコーロケーション

ふだんは透明度のよい伊豆諸島御蔵島で、少し濁った水中に潜ると、イルカの姿は見えないのに、音だけがカチ・カチ・カチと聞こえることがある。その音がだんだん速くなり、カチカチカチカチ、そして最後にギーという音に聞こえてくると、突然目の前、三メートルほどのところにイルカが現れびっくりする。イルカはこの音(クリックス)でこちらの存在はお見通しであるが、憐れな研究者(私)は、姿が見えるまで待つより他はない。

前述した通り、イルカは「エコーロケーション(反響定位)」という能力を進化させてきた。エコーロケーションとは、自ら発した音が何かにぶつかって跳ね返ってきた音を聞くことにより、自分と音がぶつかった物までの距離を測ったり、形の情報を得たり、物がどっちに動いているかを判断したりする能力のことだ。「音でものを見る」能力ともいえる。イルカの出すエコーロケーションの音をクリックスと呼ぶ。

一般にもっとも知られているのは、コウモリのエコーロケーションだろう。コウモリの鳴音は周波数が五〇キロヘルツ前後と非常に高くて、人間には聞こえない超音波だ。川や田んぼなどで夕方になると、音も立てずに行ったり来たり、急に方向を変えたりしながら乱れ飛んでいるコウモリを見たことがある方も多いだろう。人間に聞こえない高周波の音を出しながら餌を探し、餌がどっちを向いて飛んでいるのかも音からわかる。そのため音だけで餌を探して捕まえることができる。

イルカのエコーロケーションの音であるクリックスは、種によってはその音が私たち人間にも聞こえる。水族館でよく飼育されているハンドウイルカなどのクリックスは聞こえるので、機会があれば水槽の近くで耳を澄ませて、あるいは水槽面に耳を押し当てて聞いてみてほしい（イルカに水をかけられないようにご注意を！）。これは図3・3のように、彼らのクリックスに含まれる周波数帯が広いせいで、私たちの聞こえる「低い」周波数も含まれているからだ。音は前述したように「カチ・カチ・カチ」とか「ギー」などと聞こえる。クリックスという名前も、この音に由来する（マウスをクリックする音にも似ている）。

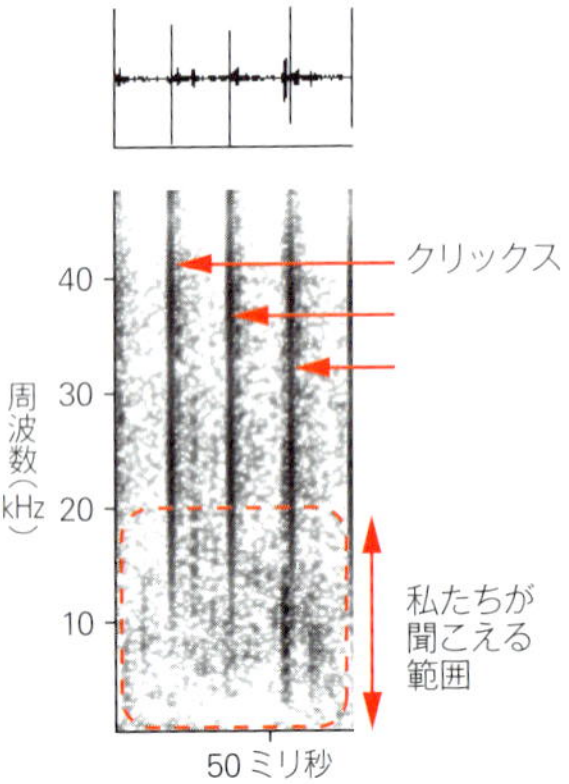

図3.3　イルカのエコーロケーション音（クリックス）．上はその波形，下はスペクトログラム

イルカがふだん「見て」いるところ

御蔵島のイルカが遠くから私を調べたとき、始めはカチ・カチ・カチという、リズムの遅いクリックスを出していた。しかし近づくにつれ、そのリズムは速くなった。これはどういうことか。ここで、ちょっと計算をしてみよう。この図3・4を見ると、〇・〇五秒くらいの間隔でイルカがカチカチカチカチというクリックスを出している。イルカはカチッと一つの音

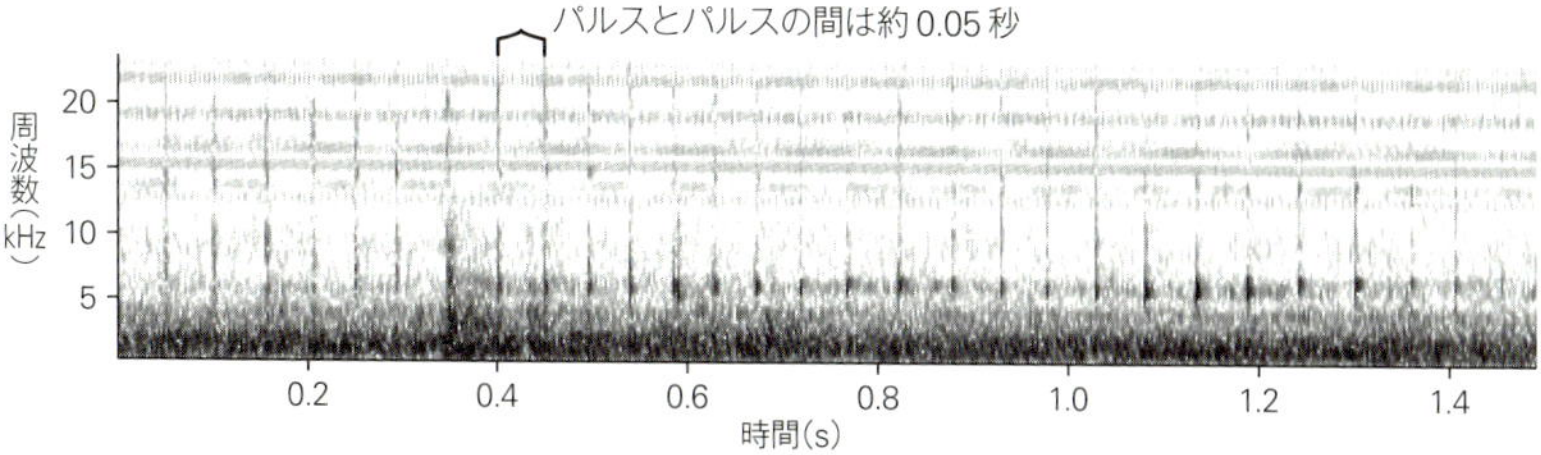

図 3.4　あるイルカのクリックス．およそ 0.05 秒間隔でパルスが続いている

(パルス)を出し、その一つのパルスが物体に当たって跳ね返った音を聞き、すぐに次のパルスを出しているので、パルスとパルスの時間間隔は、音がイルカと物体の間を行き来する時間と考えてよい。つまり、イルカがどのあたりを調べているかを知ることができるのだ。

水中では、音は一秒間に一五〇〇メートル進む。〇・〇五秒では、七五メートル進む。音が行って帰ってくるのが七五メートルなので、二で割った三七・五メートルがイルカと物体までのだいたいの距離ということになる。つまり、このイルカはこのとき、だいたい三〇～四〇メートル先を見ていたようだ。御蔵島のイルカの出すカチ・カチ・カチのリズムが速くなった、ということは、イルカが調べている距離が近くなった。つまり、私との距離が縮まったということだったのだ。

さて、イルカはエコーロケーションでどのくらいの距離を調べることができるのだろう。ハワイ大学のウィットロー・アウらは、ハンドウイルカが一一三メートル先の金属の小さな球(直径七・六二センチメートル)を見つけることができたことを報告している。

小さな金属球があるかないかを調べさせる実験の結果だったので、もっと大きな岩の存在などはもっと遠くからでも見つけることができる。

ところでこの結果は、イルカがエサをもらうために、懸命に金属球を探した場合の話であり、彼らの最大限の能力を示したものである。しかし、私たちでも普段から最大能力を発揮しつづけることは少なく、例えば普段歩くときには何となくまわりをぼんやりとみていることの方が多い。それでは普段イルカが「見て」いるのはどのあたりなのか。前述したように、クリックスのカチ・カチという音の間隔(パルス間隔)を測ればイルカが調べている距離が推定できる。水産工学研究所の赤松友成らが、御蔵島に生息するイルカのパルス間隔を測ったところ、その分布パターンからだいたい二〇メートル先を最もよく見ていて、最大では一四〇メートル先までの範囲を広く「見て」いることがわかった。一方、水族館にいるイルカは四メートル先を最も多く調べ、最大でも二〇メートル以下だった。さらに赤松らは中国の揚子江にすむヨウスコウスナメリと大海を泳ぐネズミイルカの通常見ている範囲を比較して、ネズミイルカの方が遠くまで「見て」いることを報告している。イルカは棲んでいる環境に応じて、調べる範囲を変えているのである。いつも遠くを、または近くを見ている、というわけではなく、広くぼんやりとみていて、必要に応じてしっかりと見るという、人間と同じような見方をしているのであろう。

図 3.5 片眼を閉じて泳ぐミナミハンドウイルカ

たまに探索をサボるスナメリ

真っ暗闇でも餌となる魚を見つけて食べることができるイルカ。「音の目」とも言えるクリックスは四六時中出し続けているのだろうか。御蔵島で五〇頭ほどのイルカの群れを見つけて潜ったときに、音がほとんど聞こえないことがある。普段はギーギー、ピュイーとうるさいぐらい音を出しているのが、たまにしーんとしているとちょっと不気味に感じる。こういうときのイルカは海の底あたりを並んでゆっくりと泳ぎ、片目を閉じた状態(図3・5)で、まさに休息真っ最中であることが多い。睡眠や休息により目を休ませる私たち同様、イルカも「音の目」を休ませる必要があるのだろう。

前述した赤松が、ヨウスコウスナメリにAタグ(次ページコラム参照)を吸盤でくっつけ、そのスナ

日本の音響データロガー「Ａタグ」

音響もバイオロギングされるようになった。音を録音できる小型の音響データロガーをイルカやクジラに取り付け、イルカ自身に音を記録してきてもらう方法だ。前述した水産工学研究所の赤松が日本で開発したＡタグはそうした音響データロガーである。海外で開発され、多くのイルカ・クジラに取り付けられている音響データロガーとしてＤタグと呼ばれるものがあるが、Ｄタグは生音をそのまま記録するサウンドレコーダー方式であるのに対して、Ａタグは、高周波の音が入ったときに、いつどのようなデータが入ったかという情報だけを記録するデータレコーダーのシステムである。Ａタグは水中マイクを二つ持ち、高周波の音が入ってきた時間と、二つのマイクに音が入力された時間差と音圧を記録する。このＡタグは、生の音を再生できないが、長時間録音が可能で、データ量が少なく、解析が非常に簡便である点で他の音響データロガーの追随を許さない。

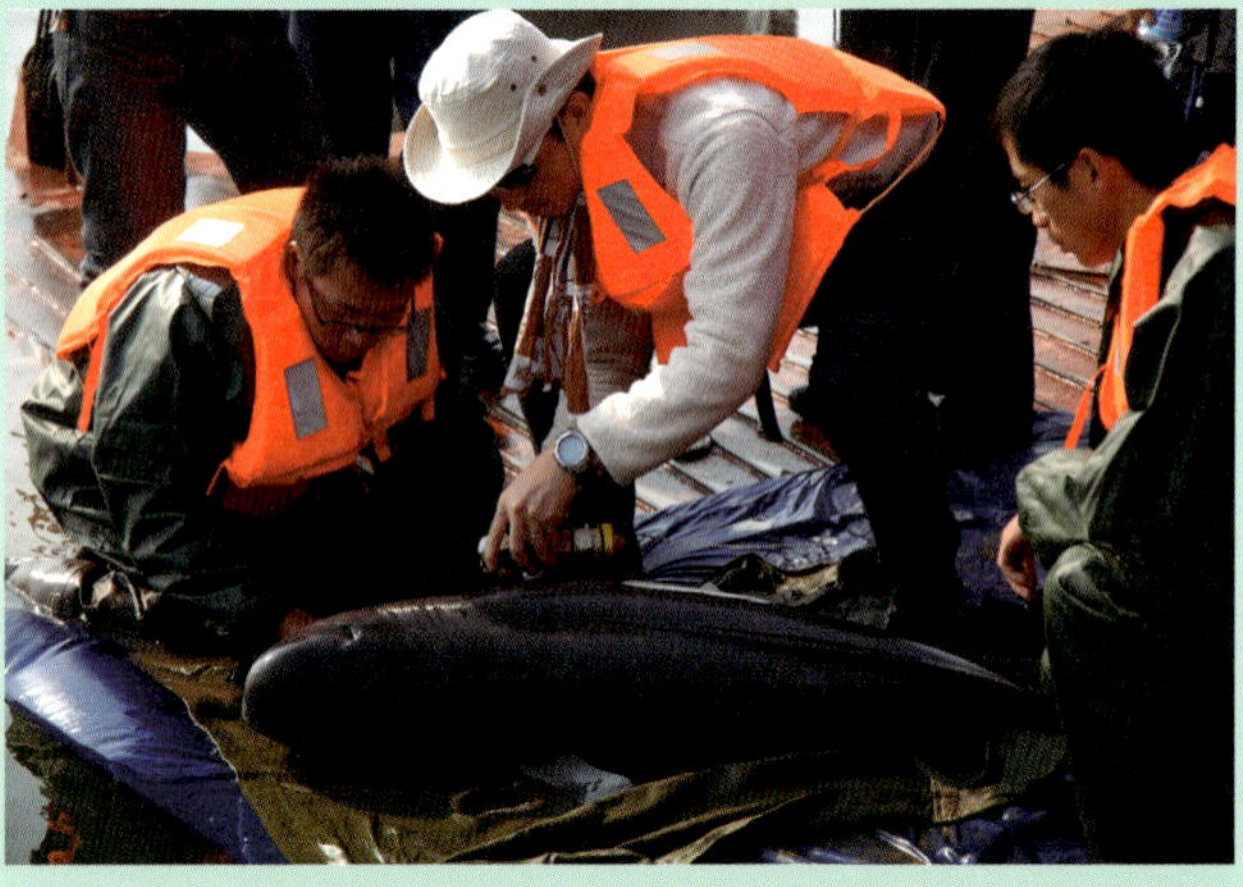

森阪匡通が赤松博士・佐藤克文・王丁らとの共同研究でＡタグと行動データロガーをヨウスコウスナメリに取り付けているところ（撮影：中国水生生物研究所）

メリがどのようにまわりを「見て」いるのかを調べたところ、「スナメリは、音による探索をたまにサボる」ということがわかってきた。だいたい五秒に一度はしっかりとまわりを探索するが、しばらく音を出さない時間がある。そして再び音を出す。しかし単にサボるだけなのではない。サボる前に音で前方を探索し、きちんと前方の状況を把握した上でサボっているのだ。図3・6を見ていただきたい。縦軸が、探索をサボっている間に移動した距離、横軸が、サボる前に音で探索した距離を示したもので、色の濃さがその音が出現した頻度を表す。探索をサボっている間に移動した距離は、Aタグと同時に装着していた行動データロガーから得られた遊泳速度から、サボっている間に進んだ距離を割り出したものだ。一方、サボる前に音で探索した距離は、サボる前の音のパルスの時間間隔から見ていた距離を推定したものだ（四八〜四九ページ参照）。このグラフでわかることは、サボって進んだ距離よりも、サボる前に探索した距離が長い、ということだ。つまり、まず前方の状況（障害物や餌の存在など）を確認し、問題なければ

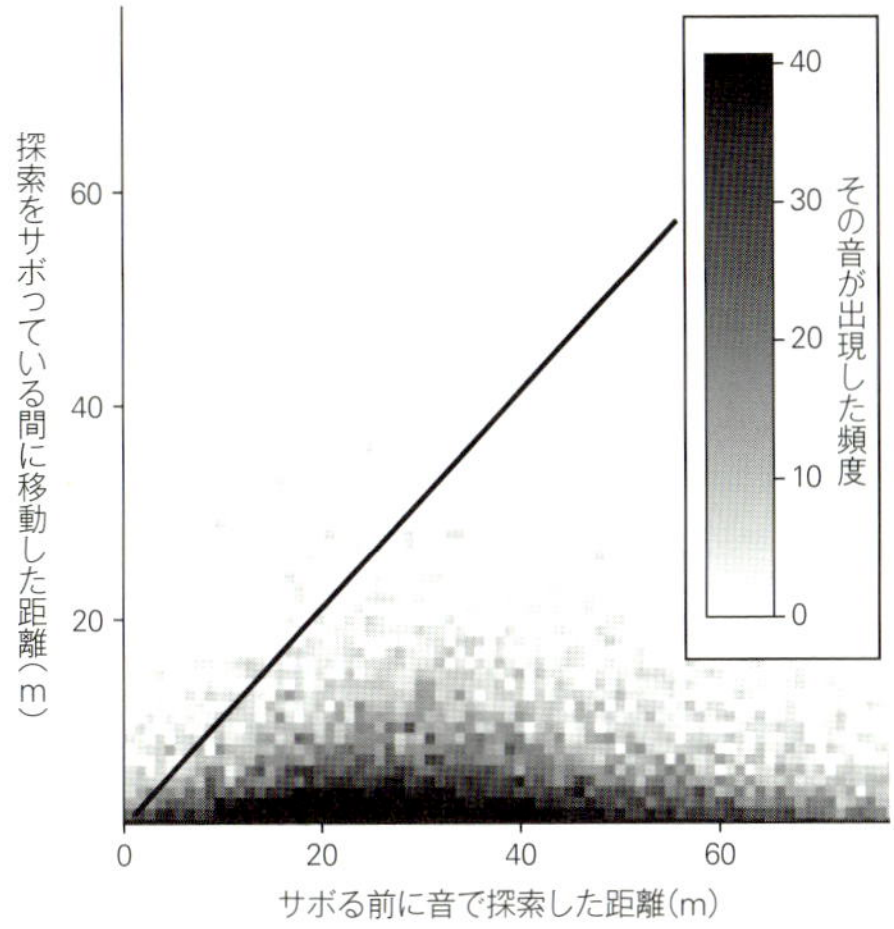

図 3.6　前方をきちんと探索してからサボるスナメリ（Akamatsu et al. (2005) より）

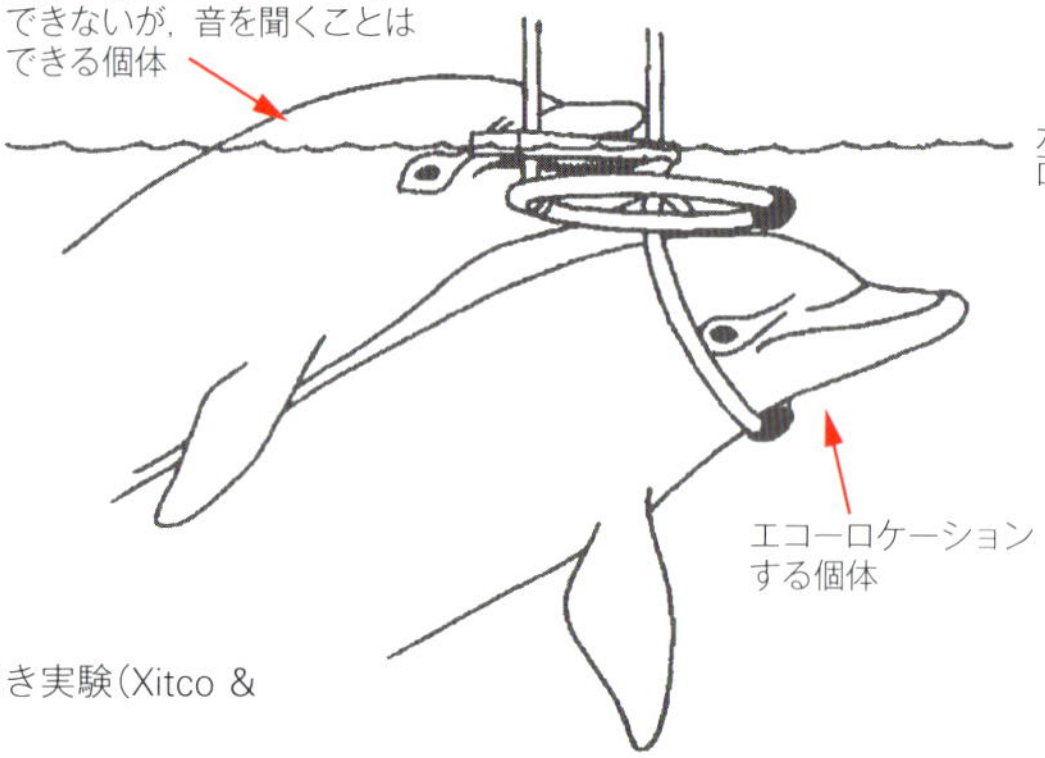

図 3.7　イルカの盗み聞き実験（Xitco & Roitblat（1996）より）

少しサボり、確認した距離を移動する前に、再び探索を始めるということだ。常に最大能力を発揮しているのではなく、適度に手を抜くことは、生物として非常に重要なことなのであろう。

他人の「視線」を盗む

適度に手を抜くもう一つの方法として、イルカは他のイルカのエコーロケーションを「盗み聞き」している可能性がある。つまり、一緒に並んで泳ぐ個体のうち、一頭が発したクリックスの跳ね返り具合を他の個体も聞いて、前方の障害物の情報を得ている、という考えである。マーク・ズィトコらが行った実験がある。ある一頭のイルカに、見ることはできないが音は通過するスクリーンの向こう側に物体を提示し、それをエコーロケーションで調べさせた。別のイルカがすぐ横で頭部を水上に出させた状態（＝自分ではエコーロケーションできない）でスクリーンの向こうにある物体が何であったかを報告させるという実験を行った(図3・7)。その結果、自分ではエコーロケーションできないイルカも物体をきちんと当てることができたので、他のイルカのクリックスを聞いて、前方の情報を知る能力を持っていることがわかった。それでは実際にその能力を野外で用いているのだろうか。トマス・ゲッツらはシワハイルカの複数個体同士が横一列になって並んで泳いでいるときには、ばらばらなときより、二頭以上がエコーロケーションをする頻度が減ることから、野外でもこのようなエコーロケーションの盗み聞きがあるのではないかと報告している。イルカは休息時に横一列になり泳ぐ傾向にあり(図3・5)、単に休んでいたときだから頻度が激減した可能性は否定できないため、この報告だけを信じることはできないが、おそらくイルカは他のイルカの出したクリックスを聞いており、その情報を利用しているだろう。

命にかかわる盗み聞き

同種のイルカに盗み聞きされることはそれほど問題ではない。お互いがそのように利用し合うことで、どちらにとっても利益となる可能性がある。しかし異種、特に捕食者に盗み聞きされると命にかかわる。こうなると生物はなんとかして盗み聞きされないような方法を進化の過程で編み出していく。

イルカにとって最も怖い捕食者はシャチであると考えられている。かつて銚子沖に外国の研究者を連れてイルカウオッチングに行った時、私とその研究者のみがシャチを発見し、船

イルカとクジラ

どれがイルカでどれがクジラか？　①はミンククジラ，②はイシイルカ，③はマッコウクジラ，④はシロイルカだ．実はイルカとクジラの違いは適当で，小さければイルカ，大きければクジラと呼んでいる．一番ややこしいのが，シロイルカ(④)．日本語ではシロ「イルカ」だが，英語ではホワイトホエール(白クジラ)という．イルカとクジラのいい加減な(?)違いよりも重要なのは，ヒゲクジラ(類)とハクジラ(類)の分類だ．ヒゲクジラは人間の爪などと同じケラチン質でできた「ひげ板」を持っている．また鼻の穴が外から見て二つあることなどでも区別される．下図では①のミンククジラのみがヒゲクジラに属する．一方，ハクジラ類には，その名の通り「歯」がある．ハクジラの鼻の穴は外から見て一つだけである．本章ではハクジラのことを大きく「イルカ」とわかりやすく呼ぶ．多くの研究は主に小型のハクジラ，つまり「イルカ」を取扱うが，一部のイルカと呼ばれない大きめのハクジラ類も「イルカ」に分類されているのでご了承願いたい．

長に伝えたが時すでに遅し。その後シャチは現れなかった。問題はシャチがいると、他の鯨類が本当に見られなくなることで、結局その日は港近くでスナメリを少し見ただけで、それ以外には全く出会えなかった。私とその研究者（彼の目的はスナメリ）は大満足で帰ったが、それ以外のお客さんはがっかりしていた。三陸沖やその他の地域で聞いても、やはりシャチが現れると他の鯨類は姿を消すという。

シャチもイルカと同じハクジラ類（コラム参照）であるが、温血動物を捕食し、最大遊泳速度が速く、群れで狩りをする。時には世界最大のシロナガスクジラさえ襲って食べる。他の捕食動物、例えばサメなどとは異なり、シャチは耳が発達し、さらにすぐれたエコーロケーション能力を持っているため、遠くから餌となる動物を見つけることができる。ましてや餌動物が音を出せば、たちまちその存在と位置がシャチにばれてしまうことになる。こんなシャチに音を盗み聞きされては一大事だ。

一部の小型のイルカは、他のイルカとは違うクリックスを出す。他のイルカは低い周波数から高い周波数まで幅広い周波数が含まれているクリックスを出すが、その一部のイルカたちはシャチに聞こえる一〇〇キロヘルツよりも低い音がごっそり抜け落ち、一〇〇キロヘルツ以上の高い周波数のみ含まれるクリックスを出す。これまでの私の調査などから、こうした音を出す種類はラプラタカワイルカ科、ネズミイルカ科、マイルカ科のセッパリイルカ属、そしてコマッコウ科に限定されることがわかってきた（図3・8）。これらの種はホイッスル

図3.8　クリックスが高く，ホイッスルを出さない種の例．①ラプラタカワイルカ ②ネズミイルカ ③スナメリ ④コシャチイルカ

という、だいたい二〇キロヘルツより低いコミュニケーション用の音(図3・2)も出さないことがわかった。彼らこそ、シャチに盗み聞きされないように、「見る」ためのクリックスをシャチに聞こえない高い周波数にし、コミュニケーション用のホイッスルという音をなくすという戦略を採用したグループだと考えている。

　クリックスは高い周波数から低い周波数まで幅広く含まれている方が、エコーロケーションに使える情報が増え、またエコーロケーションできる距離も長いと考えられる。したがってエコーロケーションの能力が下がっても、シャチに食われるよりはよい、ということで進化してきた形質なのだろう。

一方のシャチはというと、餌となるイルカなどは耳がよいので、自分たちの音を盗み聞きされると逃げられてしまう。だからコミュニケーションの音もクリックスも必要ないときには出さないようにしているらしい。特に採餌前はコミュニケーションの音はほとんど出さず、クリックスもたくさん出さず、単発、もしくはランダムに少し出すだけで、あとはひたすら餌動物が出す音(呼吸の音など)を聞いているということだ。食うもの・食われるものの間で、ある戦略と対抗戦略をぶつけ合い、ともに進化を遂げていくことを進化的軍拡競走と呼ぶが、このイルカとシャチの例もその一つと言えるかもしれない。

逆に考えると、音を出すということは多くのメリットがあると同時に、それを捕食者(そして被食者)に聞かれ、見つかってしまうというデメリットもあるということだ。そういう観点から、適度にサボるのは理にかなっているように思える。また、さまざまな条件のせめぎあいの中で、現在の最適解として彼らの音ができあがっているということを忘れないようにしたい。精度の高いエコーロケーション能力は、海という環境で、彼らの祖先がもっていた体を何とかやりくりしながら、さらに捕食圧などの外的な生物要因も複雑に絡みながら生み出されてきたものなのだ。

エビがイルカの音を変える？

コミュニケーションの音も、さまざまな要因によって最適解が変わる。イルカは「ピューピュー」と聞こえるホイッスルという音（図3・2）を出し、個体間でコミュニケーションを行っているとされている。伊豆諸島の御蔵島と、小笠原諸島、それから九州の天草下島諸島というところに棲んでいるミナミハンドウイルカのホイッスルを録音し、地域差があるのかを調べてみた。簡潔に言えば、地域によってけっこう差がある。御蔵島と小笠原は似ているが、天草はちょっと様子が違っている。実際に海の中で録音した音を聞いてみると、天草の海はイルカ以外の音がうるさく、イルカの音が聞こえにくい。

そんなうるさい天草の海に住んでいるイルカたちの鳴音は非常に低いが、御蔵島と小笠原のイルカはわりと高い。音の複雑さも違い、天草は変化の少ない単純な「ピーピー」というホイッスルだが、御蔵島や小笠原は「ピュイィピュイ」といった複雑なホイッスルを出していた（図3・9）。続く調査では音の大きさも測り、天草のイルカのホイッスルは他の二地域よりも大きな音でホイッスルを出していることがわかった。

つまり小笠原や御蔵島のような静かな海では、イルカの鳴音は周波数が高く、複雑で、音の大きさは小さい。一方、海がうるさい天草では、鳴音が低くて単調で、音量は大きいということがわかった。天草のイルカたちは、大きな音で低く単調にして、うるさい環境でも遠くに音が伝わるようにしているのではないかと考えている。

しかし、いくら頑張って鳴音を低く大きくしても、天草ではだいたい三〇〇メートルしか届かない。他の地域では一キロメートル以上は届く。そのためか、天草のイルカの群れは互いに三〇〇メートル程度しか離れない。お互い群れからはぐれてしまわないように、みんなのホイッスルが聞こえる範囲にとどまっている、ということが起こっているらしい。つまり、群れの広がりがホイッスルの届く範囲に制限されていて、バラバラにならないような機能をホイッスルが持っているのだろうと考えられる。方言みたいな地域差がある原因の一つとして、生息環境の「うるささ」の違いがあるようだ。

ちなみに、この「うるささ」の犯人は主に、体長数センチメートルのテッポウエビだ。海中の音で、俗にテンプラノイズと呼ばれる「パチパチ」という雑音は、主にこの小さなエビが出している。おそらく天草はテッポウエビをはじめとする甲殻類が非常に多く、海がうるさい。そこに暮らすイルカはホイ

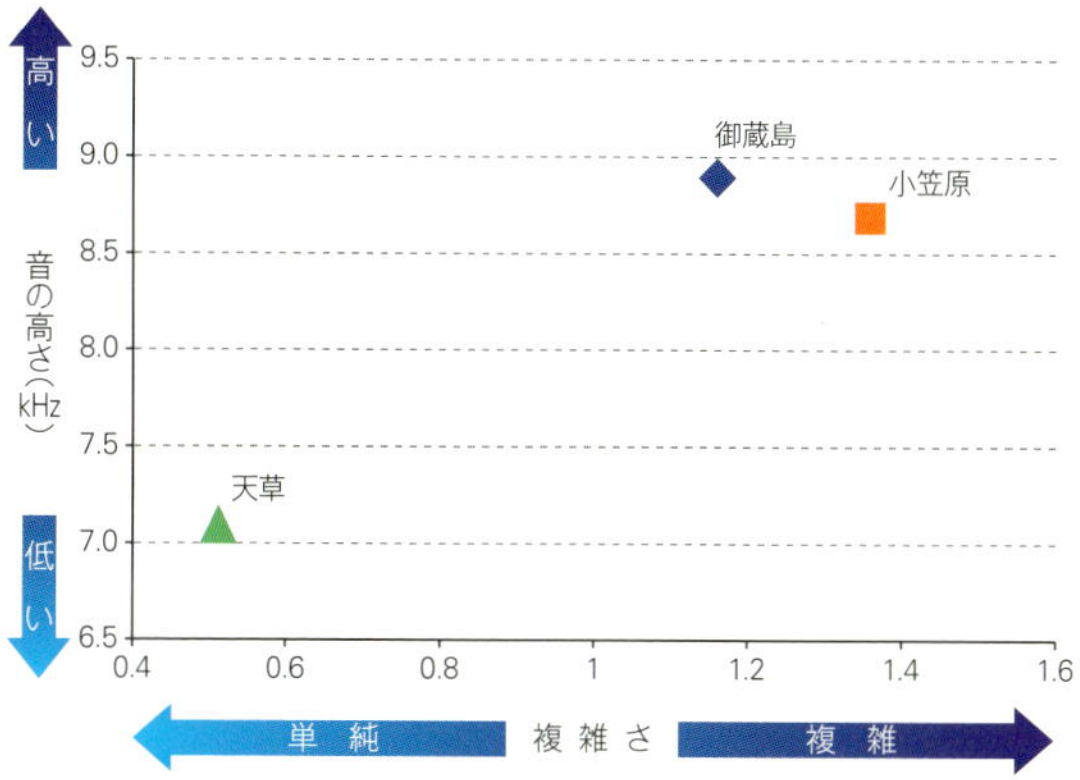

図 3.9 ミナミハンドウイルカのホイッスルの地域差．各点は地域ごとの平均値を示している

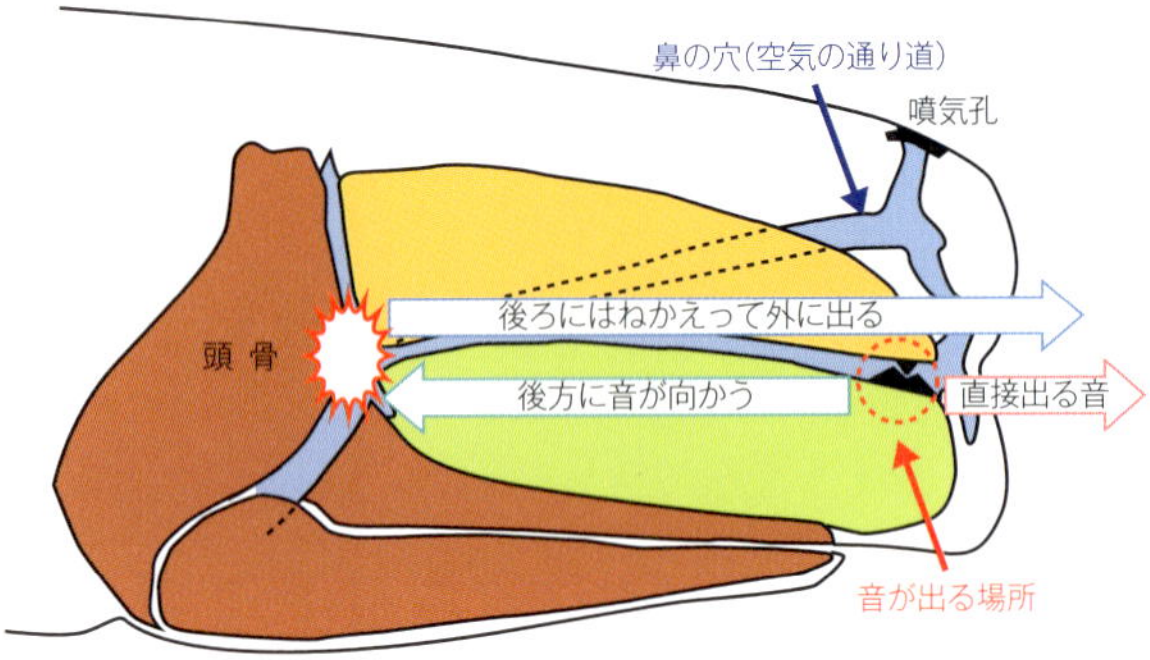

図 3.10　マッコウクジラの頭部と音が出るしくみ（Cranford (1999) より）

ッスルを変化させて、その雑音に対応している。どうやら、小さなエビがイルカの鳴音を変えてしまっているようだ。

ではなぜ静かな小笠原や御蔵島のイルカたちは低い音を大きく出して、より遠くまで音を届かせようとしないのだろうか。そうすれば群れはより大きく広がることができるし、何よりも近くで聞きやすいだろう。それはおそらく適度にサボるということにも関係していると思われる。つまり、ある程度の距離で音が届けばよく、それ以上エネルギーを使うことはしない、ということだろう。それは捕食者に聞かれる確率を減らすことにもなるのだろう。

音でバレる体の大きさ

マッコウクジラ（五六ページコラム写真③）は頭部がとても巨大で潜水艦のようである。彼らの音を聞くだけで体の大きさがわかってしまう。図3・10を見てほしい。マッコウクジラのクリックスは前方上部から出るのだが、体の前方方向だけでなく、体内部を後方に向かう音も出る。この後方に向かった音はマッコウクジラの頭骨にはねかえって、再び前方へ進み、体外に出ていく。すると、初めに前方に出た音と、頭骨にはねかえってきた音との間に時間差(ここでは頭部往復時間差と呼ぶことにする)ができる。この時間差は、音が音源から頭骨までの往復に要する時間を意味するため、時間差から逆算すると音源から頭骨までの長さがわかる。音源から頭骨までの長さと全長は比例するため、音の時間差から体の大きさを推定することが可能になる。他のハクジラではこのような関係はまだ見つかっていない。頭部が独特なマッコウクジラならではのことなのであろう。

マッコウクジラ自身がこうした情報を使っているのかはまだよくわかっていない。これに関連して、テッド・クランフォードはおもしろい仮説を唱えている。オスのマッコウクジラはメスに比べて大きな体を持っている。中でも特に頭部の比率がオスでは高く、つまりオスは大きな頭を持っているのである。こうしたオスのでかい頭部は、メスによる性選択の結果だというのだ。マッコウクジラのメスは大きなオスを好むという全体的な傾向があった場合、頭部往復時間差が長く、音も大きいクリックスを発するオスは体が大きいため、メスはこうしたクリックスを好むようになる。そうすると、体のサイズよりも頭部の大きさが重要になり、オスの頭部がより大きくなる。こうした過程を経て、特にオスのマッコウクジラがでかい頭部を持つようになった、とする仮説だ。ここでは、性選択という要因が、マッコウクジラのクリックスの形成にかかわっている。エコーロケーションの音は、エコーロケーションの効率を上げるためだけにできあがってきているわけではない例の一つである。

イルカの環世界

イルカは音によってまわりを調べ、また他個体とコミュニケーションをとる。普段から最大能力を発揮しているのではなく、適度にサボることで、エネルギーコストを下げている。それは食う側・食われる側からの盗み聞きなどの面からも説明できるかもしれない。また、エコーロケーションやコミュニケーションといった本来の目的とは違うところで、さまざまな要因が関わっており、その機能を最も効率よく行うためだけに進化してきた音ではないことも同時にわかってきた。イルカの環世界をしっかり理解し、彼らの見ている・聞いている世界に迫るためには、まだまだ知るべきことがたくさん残っていると感じている。

4

らせん状に沈むアザラシ

加速度で調べる

アザラシのごろ寝が
そんなに嬉しいかねぇ？

それは日本から始まった

私たちの周りの電化製品の多くに加速度センサーが搭載されている。例えば、家庭用ビデオカメラには手ぶれ補正機能が付いている。三脚を使わずに手持ちで撮影することが多い小型ビデオカメラを素人が使うと、微妙に手が震えて撮影された映像がゆらゆらと揺れてしまい、とても見づらい。そこで、カメラに内蔵された加速度センサーで揺れを検出して、その揺れが反映されないように撮影できる機能が開発された。

あるいは、大流行のスマートフォン。縦長の液晶画面が見づらいときなど、九〇度回転させて横にすると、そこに表示される映像もまた横長画面に切り替わる。このとき、スマートフォンの内部では加速度センサーが重力加速度を測定し、向きが変わったことを検出している。このように、加速度によって物体の揺れや傾きを検出できる。これを利用して、観察できない海洋動物の運動を測定するという試みは、スマートフォンが登場する前の一九九六年に始まっている。

それは世界に先駆けて日本から始まった。耐圧防水ケースに入れた小型加速度記録計の製作、それを用いた野外実験、得られた加速度データの解析手法開発といった一連の過程を、国立極地研究所の内藤靖彦教授を中心とした日本の研究グループが先導した。しかし、内藤グループの一員である私(佐藤)が正直に白状すると、初めから運動測定を意図して測器開発を進めたわけではなかった。別の目的で開発した加速度計をペンギンやアザラシに取り付けてみたら、当初の目的を達成できない代わりに、動物のひれの動きや体軸角度を測定するのに有効だったのだ。

動物の潜水行動は圧力センサーで測定される深度の時系列データを見ればわかるし、動物の泳ぐ速さはプロペラの回転数として測定できる。それらの潜水行動や遊泳速度を達成するのに、動物はどれだけ頑張っているのか、その努力量が加速度時系列データからわかることが後から判明したというのが真相なのだ。

あまり格好いいとは言えない開発秘話だが、今や加速度を用いた運動測定は、水生動物では当たり前の手段になりつつある。さらに、観察できるからバイオロギングを導入する必要性は低いと考えられていた陸上動物でも、加速度による運動測定は有効であった。本章では、加速度を用いた運動測定手法の開発過程と研究成果を年代順に紹介する。

浮力を使って浮上するペンギン

一九九六年に、最初の加速度計がキングペンギンに付けられた。当時国立極地研究所で博士研究員をしていた私は南インド洋のクロゼ諸島に向かい、フランス人チームとの共同野外調査に参加した。子育て中の親鳥五羽に、開発して間もない加速度計を取り付け、鳥が海に

図 4.1　クロゼ諸島ポゼッション島のキングペンギンコロニーにてパトロールする著者

出かけた後、毎日集団繁殖場をパトロールした（図4・1）。いつもならその時期は二週間程度で採餌旅行から戻ってくると聞いていたのだが、あいにくその年は餌場が遠かったようで、一か月もたってからようやく鳥たちは戻ってきた。最初の装置はいろいろと不備が多く、さんざん苦労して回収したのに故障で装置が動いていなかったりしたが、何とか二台から加速度データをダウンロードできた。

得られた加速度データを、一緒に記録された深度や速度のデータとともに時系列図にしてみたら（図4・2）、不思議なことに気がついた。キングペンギンが潜り始めたとき、加速度センサーからの信号（羽ばたきの指標）は大きな値を示している。ここでいう羽ばたきの指標とは、加速度センサーからの信号のプラス成分だけを積算して一秒間隔で平均したものなので、真の意味での加速度ではなく、ペンギンの体の揺れに対応した指標である。泳ぎ始めたときにペンギンが激しく羽ばたくというのは、予想通りの動きだ。その後、遊泳速度が秒速二メートル前後に安定すると、羽ばたきの指標も一定値前後に落ちついている。ペンギンが浮上に転ずると、羽ばたきの指標はいくらか低下し、不思議なことに潜水が終了する前、まだ深度六〇メートルほどにいる時点で羽ばたき指標がゼロとなった。これは、羽ばたき停止を意味している。にもかかわらず、そこから水面に到達する間の遊泳速度が秒速二メートル前後から三メートル近くまで加速している。これはどういうことだろう。回収された装置を何度もテストしたが、別にタイマーが故障しているわけでもない。世界で初めて得られた加速度時系列データを前に、私は途方に暮れた。

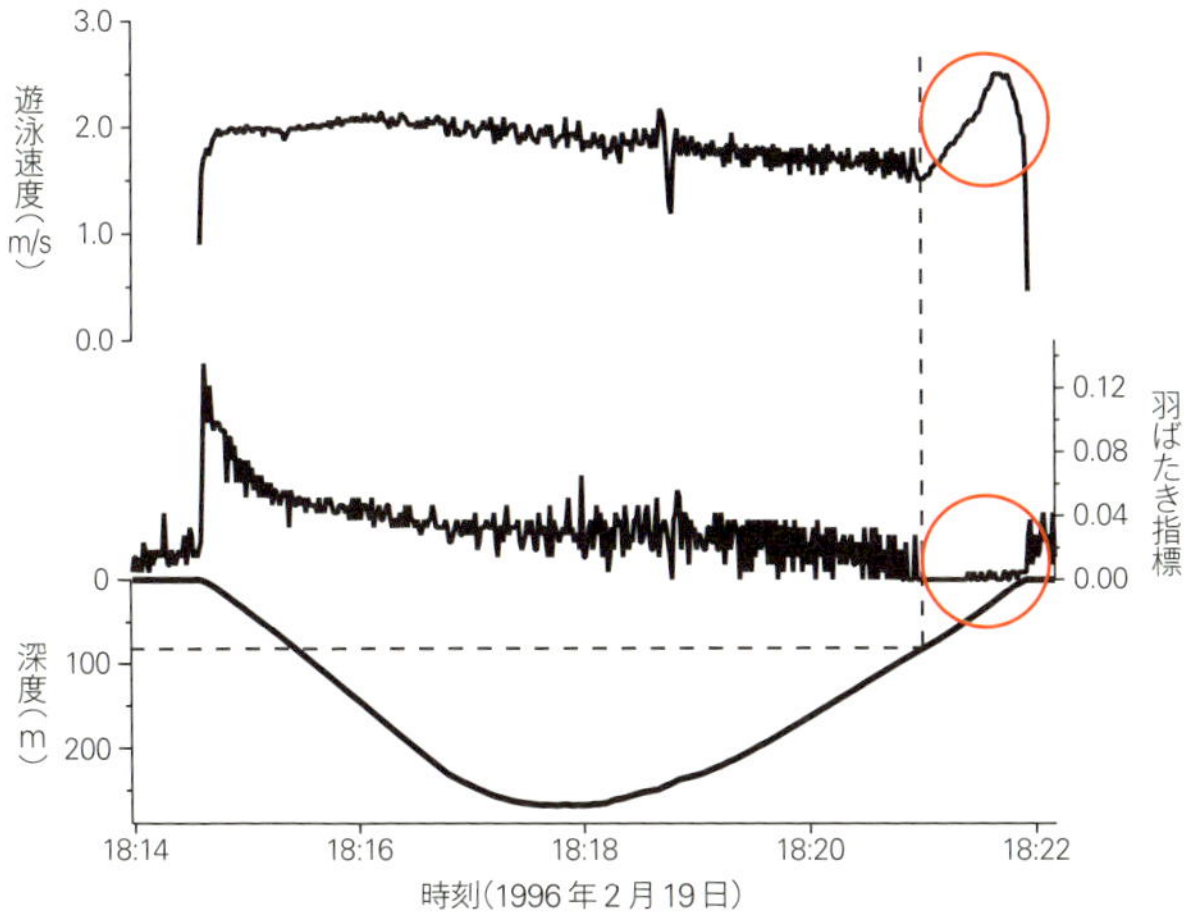

図 4.2　キングペンギンから得られた世界初の加速度時系列データ（Sato et al. (2002) より）

当初の目的は別にあった

水生動物から加速度を記録する当初の目的は、水中の三次元移動経路の算出であった。空中であれば電波を使って緯度経度や高度を測定できるが、海水中では電波が伝わらないので使えない。超音波であれば水中も伝わるが、到達距離が数キロメートル以内に限られてしまう。水中を三次元的に広く移動する動物が、どのような経路で移動しているのか、世界中の研究者が知りたがっていたが、誰もそれを測定できなかった。そんな背景を受け、私たちが考えたのは、次に記すようなやり方だ。

毎秒記録される位置を微分すると速度になり、速度を微分すると加速度になる。ならば、動物の体の三軸方向、すなわち前後方向・背腹方向・左右方向の加速度を細かい時間間隔で記録して、それを一回積分すればそれぞれの軸方向の速度になり、もう一回積分すれば位置になるだろう。しかし悲しいことに、高校の頃に物理学を習った程度の知識しかない私たち生物屋の考えには大きな欠陥があった。装置ができてから知ったのだが、物体の動きには、三軸方向の動きに加え、三軸周りの回転運動がある。そのため、三軸方向の加速度だけではなく、三軸周りの角速度ないし角加速度も必要だったのだ。

さらに、最初にできあがった加速度計は、当時入手できた部品の制約などもあり、三軸ではなく二軸、さらにサンプリング間隔が一秒という粗さであった。「もし野生のペンギンからデータがとれても、何か意味ある結果が得られるのだろうか」、そんな疑念を抱きつつ行った野外調査であったが、潜水の終わりに羽ばたきが停止するという、はっきりとした結果が得られた。

当時ほとんどの研究者が、泳いでいる動物は当然、前ひれや尾ひれを動かし続けていると考えていた。キングペンギンから得られた結果は、ペンギンがまるで空を飛ぶ鳥が滑空するように数十秒間もグライディングするというもので、日本人やフランス人の共同研究たちは皆、「本当だったらおもしろいのだけど……」と半信半疑であった。

種を変えて再確認

そこで、亜南極圏のクロゼ諸島から帰国した一九九六年の秋に、再び加速度データロガーを手に、今度はフランス南極基地デュモンデュルビルに向かった。キングペンギンよりいくらか小型のアデリーペンギンに装置を取り付け、浮上時のグライディングが再現されるかを調べるのが目的だった。そして、アデリーペンギンもまた、浮上の途中からグライディングして、羽ばたかずに水面にたどり着いているのが判明した。

ペンギンたちは浮力を利用して浮上していた。潜水直前に吸い込んだ空気が、深いところでは圧縮され、浮上とともに再び膨張し、ある深度に達したところで羽ばたかずに進むのに十分な浮力が得られるのだ。私はさらに詳しくデータを解析し、どの程度の空気量が体内にあれば、そのようなグライディング浮上が可能になるかを計算した。その結果、キングペンギンもアデリーペンギンも、深い潜水をするときは肺の最大容量に匹敵する大量の空気を体内に持ち、浅い潜水では少なく空気を吸い込んで潜っていた。ペンギンは、潜水を開始する前に、深いところまで潜るか浅く潜るかを決め、それに応じて吸い込む空気量を調節していたのだ。

当初目的としていた、加速度データからの水中三次元経路推定はできなかったが、まったく意図していなかった方面の発見があり、加速度計をつければ動物の羽ばたきの有無や強弱が測定できることがわかったのだ。初めはたいして期待されていなかった加速度計が放った会心のヒットであった。そして、その後、次々と改良される加速度計を使った水生動物の行動研究で、日本のグループは数年にわたって世界を先導した。

角度の測定

最初の加速度計が記録したのは、加速度センサーからの信号を一秒ごとに平均したもので、運動の激しさの目安程度の数値であったが、その後、装置の改良が進み、毎秒数十という測定頻度で本当の加速度を記録できるようになった。新型加速度計を持って日本の南極昭和基地に向かう前に、飼育動物を使った予備実験を行った。実験に協力してくれたのは、愛知県にある南知多ビーチランドだ。そこで飼育されているジャックという名のゴマフアザラシの背中に加速度計を取り付け、プールで泳がせた。泳ぐ様子をビデオ撮影し、後から加速度時系列データと照らし合わせて検討したところ、アザラシが足ひれを左右に動かすひとつひとつの動きを、加速度時系列データ上の波形として確認できた（図4・3）。さらに、アザラシが直立して顔だけ水面から出している間は加速度の値がプラス一G（＝九・八m/s²）、陸上で寝転がると〇Gとなった。水中を水平方向に泳ぎ回っているときは、加速度のベースラインが〇Gとなり、その上に足ひれの動きに相当する波形が重なった。

　アザラシの背中に装置を取り付ける際は、植木鉢の底の穴をふさぐプラスチック製のメッシュを接着剤で毛に貼り付けて台座とし、そこに円筒形の装置をケーブルタイで固定した。ビーチランドにおける実験が終わり、装置と台座を取り外した後、アザラシの背中には一〇円ハゲならぬ、四角い跡が残ってしまった。まるで我が子のようにアザラシを世話

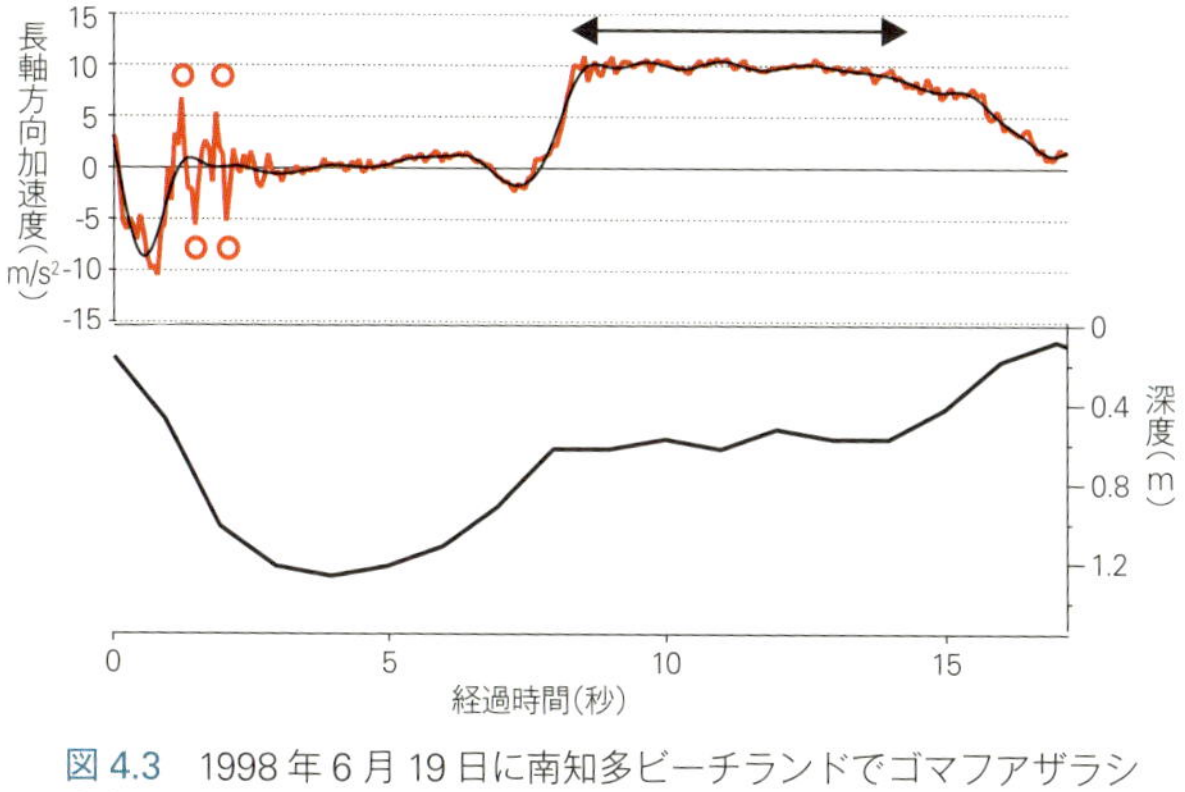

図 4.3　1998 年 6 月 19 日に南知多ビーチランドでゴマフアザラシ（ジャック：体長 152 cm，体重 76 kg）を用いて行った実験で得られた長軸方向加速度（上）と深度（下）の時系列図．長軸方向加速度の生データは赤線，0.5 Hz 以下の低周波成分のみを取り出したものは細い黒線で記した．加速度の赤線脇の赤丸は，足ひれの左右の動き一つひとつに対応し，アザラシが直立して顔を水面から出している時間を矢印で示す

している飼育員の方々に申し訳ないという思いで帰途についた私であったが、新しい装置で動物の体軸角度や足ひれの動きを細かく測定できることが確認できてうれしくてならなかった(二〇一二年八月二一日に南知多ビーチランドを再訪し、一四年ぶりにジャックと再会した。背中のハゲは消えていた)。

一九九八年一一月から二〇〇〇年三月にかけて日本の南極昭和基地で過ごす間、その新型加速度計を使ってアデリーペンギンとウェッデルアザラシから思う存分データを得ることができた。南極の冬にあたる四月から九月は、対象動物が基地周辺からいなくなる。暇をもてあます私は加速度データの解析手法について色々と試行錯誤を繰り返した。

加速度の時系列データから、水生動物の潜水遊泳行動を把握するのは、まだ誰もやっていない新しい試みであった。解析方法を記した教科書があるわけもなく、時系列データの解析手法を参考にしながらあれこれ試してみた。アザラシやペンギンから得られた加速度時系列データには、動物の体軸角度に応じた重力加速度成分と、動物が翼や足ひれを動かし体軸が揺れ動くことに起因する加速度変化が混在している。体軸角度が変化すれば記録される重力加速度成分は変わるし、翼や足ひれを動かしても加速度は変動する。そこで私は、動きの周期(周波数の逆数)に注目した。ペンギンやアザラシが翼や足ひれを動かす場合、一回の動きに要する時間は〇・三〜一秒程度、周波数でいうと〇・五〜三ヘルツであった。そこで、時系列データ解析でよく使われるデジタルフィルターを用いて、低周波成分と高周波成分を分離してみた。すると、高周波成分のみを抽出した時系列図には翼や足ひれの動きに起因する波形が綺麗に現れた。この波の数を数えることで、アザラシやペンギンがどの程度の頻度で足ひれや翼を動かしていたのかを把握できるようになった。

分離された低周波成分は体軸角度を反映した重力加速度成分を表していた。例えば、動物が頭を下に向けて潜っていく場合、測定される加速度低周波成分はマイナスの値となる。鉛直下向きに潜っていくときは、加速度の値はマイナス一Gとなる。だから、加速度の値がマイナス〇・五Gならば、体軸角度は下向きに三〇度傾いていると計算できる。

理論的な補足をすると、加速度の値から体軸角度を算出できるのは、動物が静止または等速直線運動をしているときだけだ。潜水中の遊泳速度が、激しく加速減速するようだと、上記の方法で正しく体軸角度を求められない。しかし、幸いにもプロペラで測定した遊泳速度を見ると、アザラシやペンギンが潜降・浮上するときの速度は秒速二メートル前後で一定であった。また、多くの動物で、潜降や浮上の際に進行方向が急に変わることもなかった。そのおかげで、水生動物では加速度のデータから体軸角度や翼・足ひれの動きを把握できるのだ。

らせん状に沈んでいくアザラシ

加速度の値から体の傾きを計算し、さらに三軸方向の地磁気と組み合わせることで、頭の

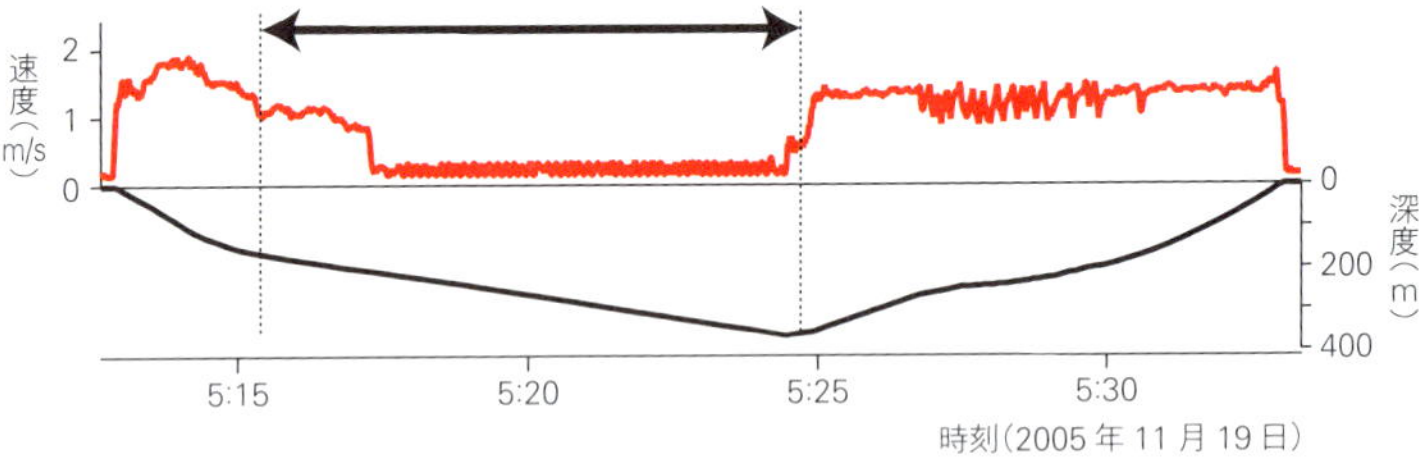

図 4.4　キタゾウアザラシのドリフトダイブ．潜降の途中（矢印部分），プロペラで測定した遊泳速度が下がり，深度変化も遅くなる（Mitani et al. (2010) より）

向く方位を計算できるようになった。詳しい方法は省略するが、試行錯誤を経て三次元経路を計算したのは、当時国立極地研究所に所属していた三谷曜子（現在は北海道大学）だ。

それまで、動物の潜水行動は横軸に時間、縦軸に深度や速度や加速度といったパラメータを示す二次元図で表されていた。例えば、キタゾウアザラシの深度データより、潜降や浮上の途中で、鉛直移動速度がある時点を境に遅くなる、ドリフトという現象が報告されていた（図4・4）。その時系列図を見ていると、あたかもアザラシが直線的に移動しているかのように錯覚してしまうが、横軸は時間なのでそれは間違いだ。キタゾウアザラシの水中三次元経路を計算してみると、ドリフトの実態が見えてきた。意外なことに、ドリフト中のアザラシは腹を上に向け、足ひれを動かさずに、まるで木の葉が落ちるように、くるくると旋回しながらゆっくりと沈んでいた（図4・5）。キタゾウアザラシが二か月半の採餌旅行中に延々と潜水を繰り返すという発見がなされて以来、彼らはいつ休み、いつ寝るのかという疑問を皆が抱いていた。くるくると旋回しながらドリフトするアザラシの動きは、この間に休息ないし睡眠していることを示唆している。アザラシのなかには、ドリフトした後、そのままコツンと海底にぶつかり、そのまま五分間仰向けになってじっとしている者もいるそうで、その情景を思い浮かべるとなんだか笑えてくる。

ヘラ浮きのように立って休むクジラ

野生動物の睡眠については、実はよくわかっていないことが多い。観察する限りじっと動かなくても実際には起きていることも多く、寝ているのを確かめるには目を閉じているかどうかを調べたり、脳波を測定しなければならない。これを野生動物相手に実施するのは難しい。ましてや、おいそれと観察できない海洋動物に関しては、睡眠についての報告例は極めて限定されている。

バイオロギングによって、マッコウクジラの休息を報告したおもしろい研究例があ

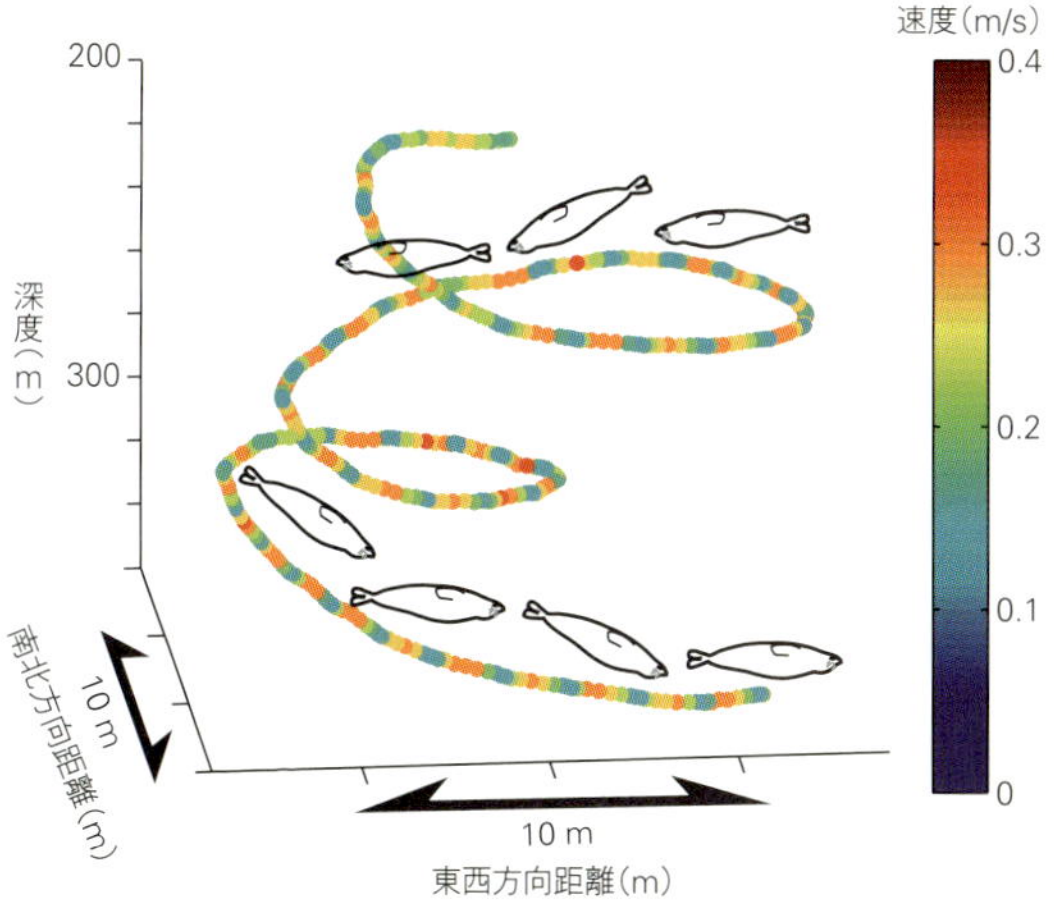

図 4.5　潜降浮上しているときの一般的な巡航速度(1.7m/s)に比べ，ずっと遅い速度(0.1 ~ 0.3m/s)で，らせん状に落ちていく(Mitani et al. (2010)より)

図 4.6　頭部にデータロガーを取り付けたマッコウクジラ

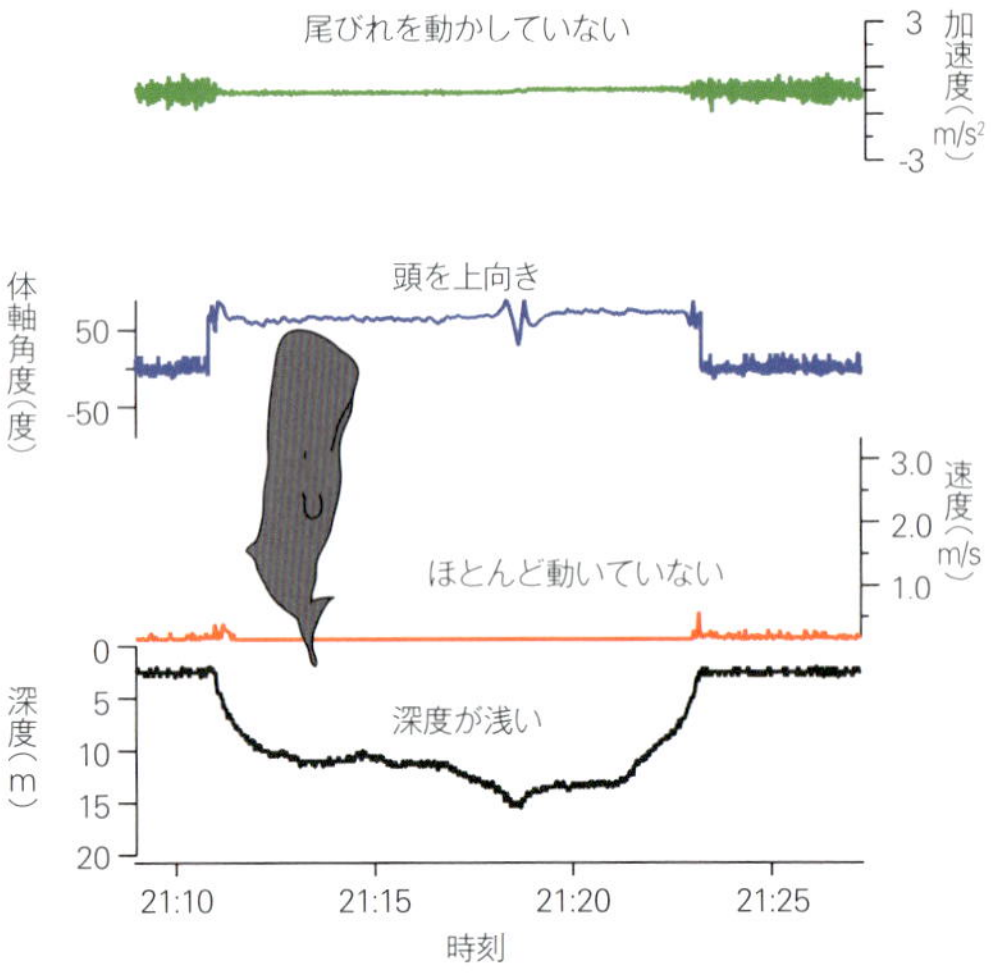

図 4.7　水面に直立して休むマッコウクジラの行動データ

る。パトリック・ミラー（セントアンドリュース大学）と青木かがり（東京大学）はマッコウクジラにデータロガーを取り付け（図 4・6）、水面付近の奇妙な行動を発見した。マッコウクジラが頭を上に向けた直立、ないし下に向けた逆立ちの状態でときどき静止していたのだ（図 4・7）。静止状態にあるマッコウクジラの多くは、近くを通りかかる船にも反応しないそうで、おそらく寝ているのではないかと推察されている。

マッコウクジラは一〇〇〇メートル以上の深度まで潜る能力を持っている。潜った先でイカなどの大型の餌を捕食していると考えられているが、その捕獲方法についてはわかっていなかった。片道一〇〇〇メートルも泳いだ後にダッシュすると息が上がってしまう。だから、深い深度でじっと待ち伏せして餌が通りかかるのを待つのだという説もあった。しかし、実際に記録した行動記録によると、マッコウクジラは活発に動き回って餌をとる狩人であった。

マッコウクジラが水面と餌のある深度を往復するときは、秒速一・六メートルの巡航速度で泳いでいる。ところが、四〇〇メートルより深いところでときどき加速した。その到達速度は平均で秒速三・四メートル、最大で秒速八・〇メートルにもなった。加速の後に急減速するとともに、クジラの体が急旋回するというのが典型的な動きであった(図4・8)。この一連の狩りとおぼしき突進行動が行

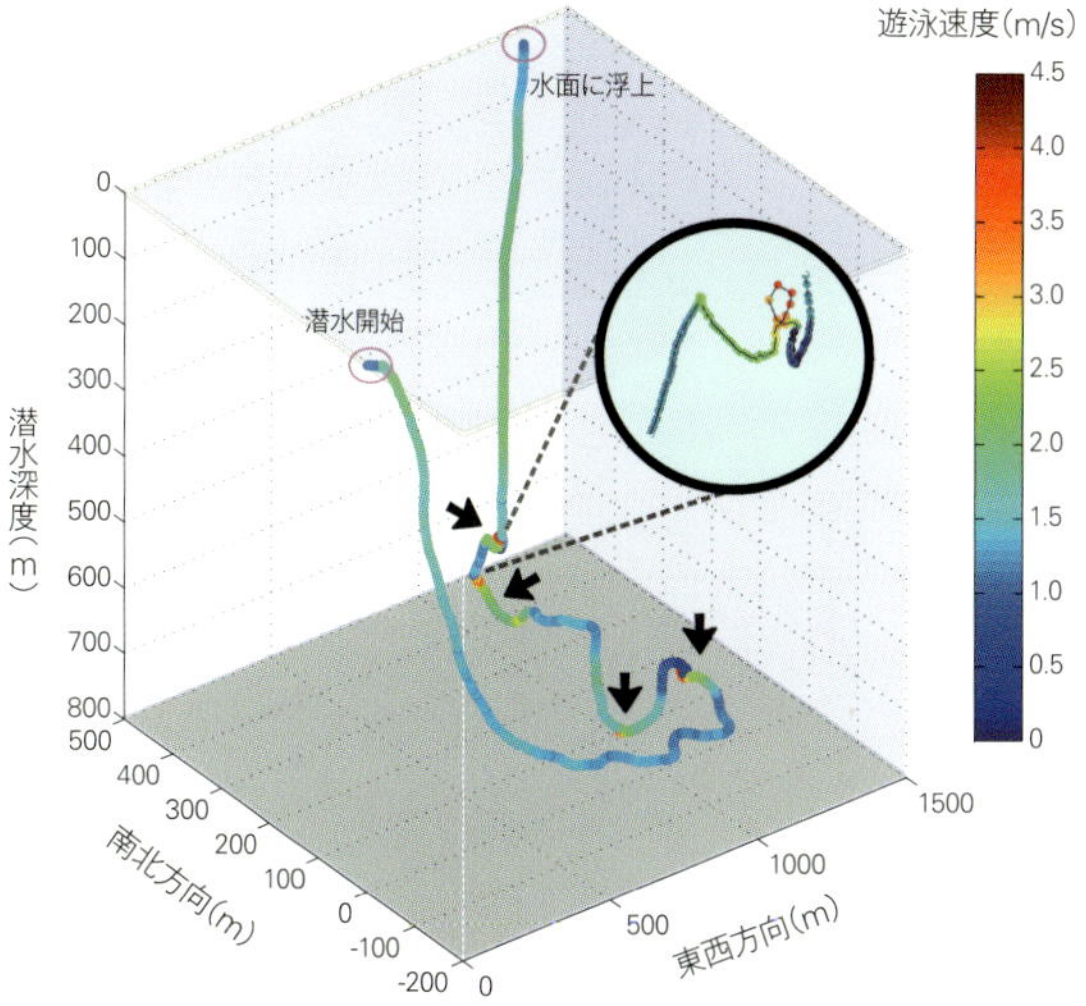

図 4.8　数百メートルの深度で，ときどき急旋回してダッシュ(矢印)を繰り返すマッコウクジラ

われる間に、マッコウクジラは平均一二〇メートル、最大で四〇五メートルも移動していた。これだけの重労働をしてまでもとりたい餌とは何だろう。大型のイカであろうと考えられているが、その瞬間を目撃した者はまだいない。

音響解析からヒントを得た時系列データ解析

加速度の時系列データに含まれる低周波変動成分から体軸角度を、高周波変動成分から翼や足ひれの動きを調べる方法をさらに発展させて、音響データを解析するときの手法が応用されるようになった。第3章で記したとおり、音に含まれる時間と周波数と音の強さという三つの要素を図示する方法としてスペクトログラム(ソナグラム)がある(図3・2)。時間ごとにさまざまな周波数が入り交じる様子が模様として表されており、周波数成分の配合具合がいわゆる音色だ。加速度の時系列データにもまた、さまざまな周波数の変動成分が複雑に入り交じっている。この加速度時系列データから計算してスペクトログラムを描くと、動きを模様として表せる。この〝動きの音色〟を頼りに動物の行動を分類できるようになった。解析のアルゴリズムを考え、素人にも扱える解析ソフト開発まで成し遂げたのは、坂本健太郎(北海道大学)だ。〝エソグラファー〟と名付けられた解析プログラムは、市販の〝イゴールプロ〟というソフトウェア上で操作する。

エソグラファーでスペクトログラムを描き、動きを模様として視覚化する。そして、例えば五つのパターンに判別するよう設定すると、数多くある行動パターンを代表的な五つのパターンに自動分類してくれる。第2章で述べたとおり、人間は視覚に頼って生きている動物だ。加速度という数値データの羅列を見ても、それが意味する行動を思い浮かべるのは難しいが、スペクトログラムによって視覚化すれば、容易にパターン認識できるようになる。

動きの模様でみるヨーロッパヒメウの行動

加速度時系列データを視覚化し、行動パターンを抽出する一例を示す。ヨーロッパヒメウの首に加速度計をつけると、図4・9のような波形が得られる。この波形だけを見ても、ヒメウの首が動いていたか動いていなかったかは区別できる。しかし、この時系列データを使って描いたスペクトログラムによって、加速度波形の中にどのような周期の変動成分が含まれていたのかを視認できる。スペクトログラムの色は動きの強さを示している。四時二三分までは、周期〇・二秒、周波数五ヘルツのコンスタントな動きが継続されたことがわかる。これは、鳥が一秒間に五回の頻度で羽ばたいて飛んでいたことを意味している。飛翔が終わって着水してから三〇秒間ほどは動きがなくなる。その後、後ろ脚で水を掻いて三〇メートルまで潜っていく間、動きの周期は長くなっていく。これは、鳥の体内に蓄えられた空気が水圧によって圧縮され、逆らうべき浮力が減じていくことに対応している。鳥は三〇メートルの深度に一分間弱滞在するが、このとき周期〇・一秒（周波数一〇ヘルツ）の動きが数回見ら

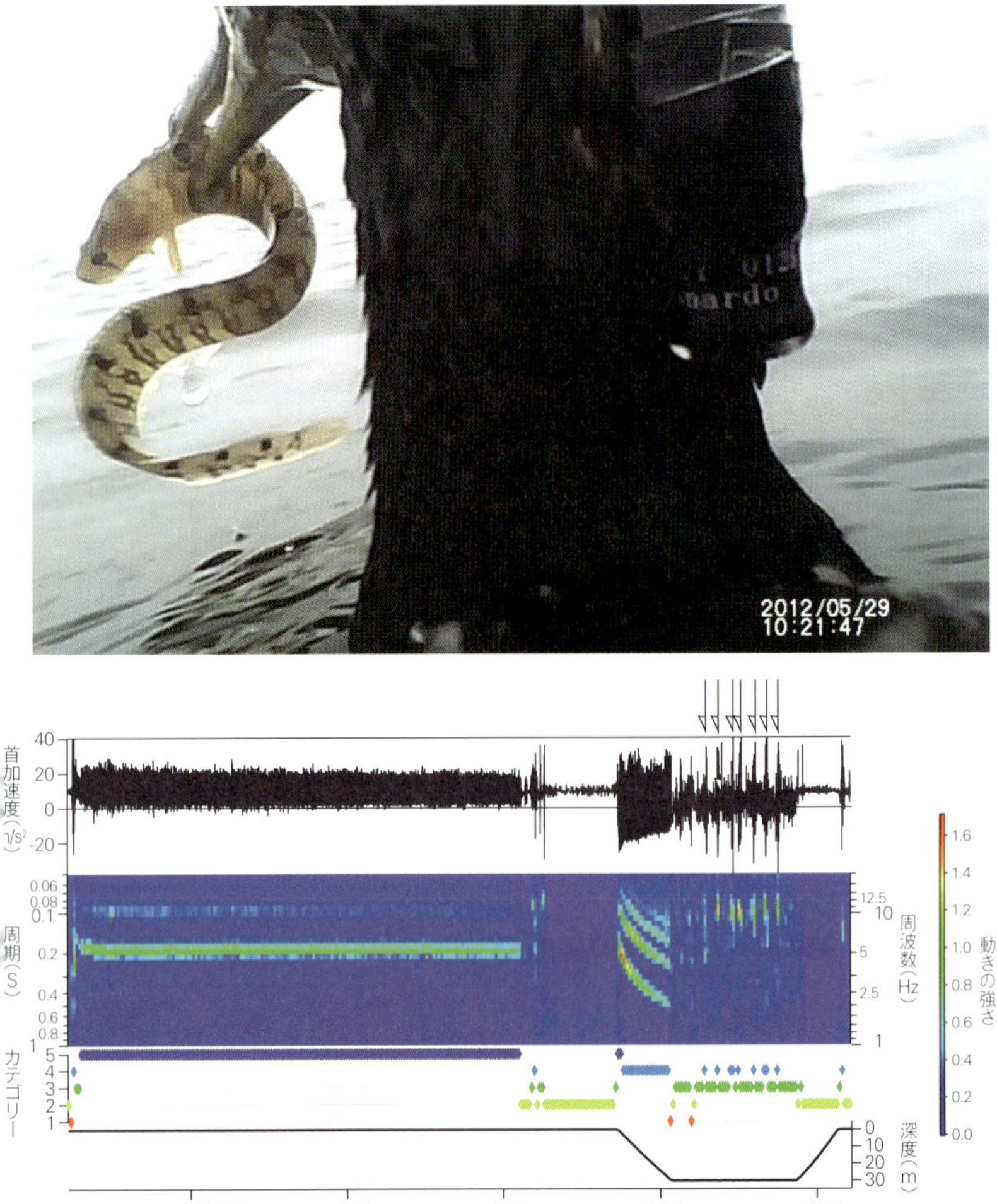

図 4.9　(上)首に加速度記録計を付けたヨーロッパヒメウが海中で捕らえたギンポを水面まで運び上げたところ．(下)上から加速度時系列図，それから計算したスペクトログラム，5つのパターンに分類した行動カテゴリー，深度時系列図

れる（図の中の矢印）。これは、第2章で紹介した鳥が嘴《くちばし》を砂地に突っ込んで餌を探る動きに相当している。その後、足こぎを止め、浮力を使って浮上して潜水が終了している。

スペクトログラムの下に示したカテゴリーというのは、エソグラファーでk-means法という統計手法を使って周波数のパターンを五つに自動分類した結果だ。例えばカテゴリー五は羽ばたき、カテゴリー二は静止、カテゴリー四は潜降時の足こぎないし潜水底部における餌探査行動に対応している。加速度計によって得られたデータから、動物が動いていたか静止していたかだけを見ていた時代から、動きのパターンを秒単位で細かく分類できるようになったのは大きな進展だ。

頑張らないことも記録する加速度計

動物を観察していると、予想外の動きをして、それが大発見につながることがある。すでに十分観察され、研究も進んでいる陸上動物では、想定外の発見が生まれる余地は少ないかもしれない。しかし、海で暮らす動物の多くは、まだ十分観察されていない。これを遅れていると見る向きもあるが、私は〝良い意味で未開拓な段階〟にあると考えている。

観察できない動物の動きを把握するのに動物搭載型小型加速度計が役立つことがわかった。日本発祥のこのやり方は、今では世界各国の研究者に用いられるようになり、水生動物の行動を記録する当たり前の方法になりつつある。そして、この方法には、実は観察にはない利点があるのに、最近気がついた。それは、動物が〝動いていない〟こともまた記録できるという点だ。

観察という手段で動物の行動を調べている研究者は、当然のことながら動物の動きに注目している。餌の捕獲であったり、同種他個体とのコミュニケーションであったり、子どもへの給餌であったり、研究者ごとの興味に応じて、着目点は異なるが、いずれも動物に見られる動きが記録される。ところが、観察できない動物の場合、まずは加速度計を動物に取り付けて加速度時系列データを淡々と記録する。その後、時系列図にしてみたり、スペクトログラムを描いたりして、後からじっくりとデータを観察する。時系列データにはおもしろそうな動きが現れていることもあるが、おもしろくなさそうな箇所、加速度に何の変化もない部分も多い。観察であればそのような部分は見過ごされる、もしくは目に入っていたとしても記録されない可能性が高い。しかし、加速度として記録されていれば、後からその箇所を抽出できる。本章では、少しだけ意図的に、動物が動かなかったことに関連した研究成果を選んで紹介した。

野生動物は、いつでも最大限がんばっているわけではなく、淡々と動き、そしてけっこう長時間休んでいた。そんな実態を把握できるようになったのは、記録計を使った手法による大きな進展だ。最終章では、そんな野生動物たちの意外な実態を紹介する。

5

野生動物は
サボりの達人
だった！

不純な動機

一九八九年にウミガメを対象としたバイオロギング研究を始めて以来、装置開発にも関わってきた。新しいパラメータを測定できる装置ができたら、ありとあらゆる動物にそれを使ってみたくなる。装置自体の小型化も進み、取り付けられる対象種も増えてきた。当初は初めて研究対象として扱ったウミガメこそ一番おもしろい動物だと信じていたが、実際に他の動物にも装置を取り付けてデータをとってみると、すべての動物がおもしろくなってきた。好奇心の赴くままに研究を進めてきた結果、私の対象動物は魚類・水生爬虫類・海鳥類・海棲哺乳類へと広がっていった。必然的に調査フィールドも熱帯から極域に至る全地球に広がった。

いつの頃からか、調査で訪れた場所を記録に残すため、世界地図上に点を打つ習慣ができた（図5・1）。最初に職を得たのが国立極地研究所で、南極を中心に野外調査を進めてきた経緯上、普通の人がなかなか行けない南極圏にまず点を打つことができた。その後、東京大学大気海洋研究所に籍を移し、南極以外の海にも出かけるようになった。世界地図にぽつぽつと赤い点が増えていくと、だんだん欲が出てくる。いつしか、「この地図を赤点で埋め尽くしてみたい」、そんなことを考えるようになった。

図 5.1　著者（佐藤）が調査に訪れた場所（赤丸）と対象動物．青丸は共同研究者が訪れた調査地．矢印は，チーター実験で訪れたナミビアの調査地

二〇一一年の半ば頃だっただろうか、とあるテレビ局から電話取材を受けた。問い合わせの内容は、「動物の速さ」についてだ。正月の特別番組で、泳ぐ動物、飛ぶ動物、走る動物それぞれのチャンピオンを紹介したいとのこと。あまり良い企画とも思えず、私は自分が専門としている泳ぐ動物について語った。

「世の中には、マグロが時速一〇〇キロだの、ペンギンが時速数十キロだのと、やたらと速い数字を挙げて素人を驚かせようとする番組が多いけど、ふだん彼らが泳ぐのは秒速二メートル、時速にして七・二キロメートルです。これまでさまざまな動物に装置を取り付けて、実際に測定してきた私が言うのだから、間違いないっ！」といつもの調子でまくし立てた。

電話の向こうで合の手をいれる番組ディレクターの声の調子がみるみる下がっていくのが感じられたが、敵もさる者「じゃあ、走る動物はどうでしょう」と話題を変えてきた。「ええっ、陸上動物ですか？　専門じゃないから詳しくは知らないけど、チーターじゃないんですか」。意表を突かれた私は当惑しつつ、素人っぽい答えを口にした。

担当ディレクターは「ええ、チーターが速いとどの本にも書いてあるのですが、狩りをするときに実際どれくらいの速さで走るのかを記した文献がなかなか見つからなくて……」と続けた。

「へー、意外ですね。でもチーターなら十分大きいから、私たちがふだん海鳥につけているような小型GPSロガーを首輪につければ、走る速さなんか簡単に測定できますよ」と私が強がると、「本当ですか！　不躾なお願いになりますが、その装置をお借りすることはできないでしょうか」と、ディレクターはおずおずという感じで口にした。

その瞬間、まだアフリカには行ってなかったことを思い出し、悪魔のようなナイスアイデアが脳裏に浮かんだ。「すばらしい企画なので、是非とも協力させていただきます。でも、ちょっと癖のある装置なので、慣れた人が取り扱わないとうまく動かないかも……」。

担当ディレクターは「正式には上の者とも相談する必要がありますが、是非とも先生に現地に行っていただければと思っています」などと言う。

「ええっ、私がアフリカへですか。ちょ、ちょっと待ってください、スケジュールを確認してみます、えーっと……」。表面上とりつくろいつつも、頭の中ではすでに、大気海洋研究所に所属する海洋動物の専門家が、アフリカでチーターを調査するにあたっての大義名分となるような屁理屈を考え始めていた。

深海のチーター

「深海のチーター――ヒレナガゴンドウが行う採餌目的の突進遊泳」（ソトら、二〇〇八年）という論文がある。ヒレナガゴンドウというのは、体長六メートル前後の中型ハクジラだ。動物搭載型の行動記録計を取り付けたところ、深度五〇〇～一〇〇〇メートルまで潜り、そこで最大瞬間速度秒速九メートル（時速三二キロメートル）で泳いでいたと報告されている。論文中では、短時間の全力疾走で餌を捕らえる陸上動物の代表としてチーターを挙げ、タイトルにもチーターという文字が躍っているが、本文を読んでもチーターが具体的にどのくらいの速度で走るのか記されていない。ヒレナガゴンドウが深海でダッシュするのに要するエネルギーコストを計算し、それに見合う獲物としては栄養価が相当高い魚やイカでなければならないといったことが論文では考察されていた。しかし、比較に用いたチーターの実測値がない。これでは、数値データがすでに得られている水生動物と同列に比較して論じられない。狩りをするチーターの走る速度を実測する意義は十分ありそうだ。

その後テレビ局側と打ち合わせを重ね、我々が向かうのがナミビア共和国であると聞いた。ナミビアという国はそれまで意識していなかったが、南アフリカ共和国の北西に隣接しているのを地図で知った。国土の多くがブッシュで覆われており、昔見た映画「ブッシュマン」という映画に出演していたニカウさんが暮らしていた国なのだとか。ブッシュマン(藪に住む人)という名称は、カラハリ砂漠に住む狩猟採集民族であるサン人の蔑称であるとして、最近は使われなくなったようだが、現地に実際行ってみたら、なるほど、国土の多くが深いブッシュ(藪)で覆われていた。

アフリカのチーター事情を聞くと、アフリカの東部は降水量が少なく、草木が減り砂漠化が進み、草食動物の頭数が減って、それを食べるチーターも少なくなっているらしい。しかし、ブッシュが少ないおかげで見通しの良いアフリカ東部は、テレビカメラによる撮影には向いているため、ロケはもっぱらアフリカ東部のセレンゲティ国立公園で行われてきたのだそうだ。結果的に、見晴らしの良い草原を疾走するチーターという印象ばかりが日本人に伝わっている。一方、ナミビアが位置するアフリカ西側では降水量が多く、植生も豊かだ。餌となる草食動物が多いためチーターも多く、それどころか増えすぎたチーターが家畜を襲うことが問題になっている。藪が多い環境は、観察を主体とする調査には不向きで、チーターが狩りをする様子を目撃するのはほぼ不可能だ(図5・2)。観察できないならば、バイオロギングの出番だ。私の胸は高鳴った。

図 5.2　① ブッシュから現れるチーター．たしかにこの状況では藪の中の狩りの様子はわからない．② 兄弟チーター，マックスとモリッツ．右のマックスの首輪に GPS と加速度計を取り付けた．③ 装置を取り付けられたマックス．④ クドゥを追いかけるマックス

いざアフリカへ

ナミビアに行ってみると、現地の藪は想像以上に深く、車による移動は難しかった。チーターのみならずライオンやヒョウがウロウロする藪を歩き回って調査する勇気はない。そこで、ハーナス野生動物基金という組織が運営する保護区内で調査することになった。すでに述べたとおり、ナミビアではチーターが家畜を襲うことが問題となっている。怒った牧場主に射殺されたチーターの子どもを育て上げ、狩りを覚えさせたうえで野性に返す試みを進めているのがハーナス野生動物基金だ。金網で囲われた八〇〇〇ヘクタールの広大な敷地の中で草食動物が暮らし、半野生のチーターはその中で狩

りの練習をしている。敷地内にある水場周辺は植生がまばらでいくらか開けており、観察には適しているように見えた。GPSと加速度計を首輪につけたチーターを水場脇に放し、我々は近くに立つ観察棟から様子をうかがった。実験に使ったのは、マックスとモリッツと名付けられた生後三歳の雄の兄弟だ。大きなマックスのほうに装置付きの首輪をつけた。

　初めて訪れたアフリカはそれまで抱いていた印象通りに暑かった。空気は乾燥していて快適なのだが、直射日光の強さが尋常ではなかった。我々は観察棟の屋上に上がり、日よけの下で朝から晩までチーターを観察した。チーターたちも暑いとみえて、木の下に寝そべっていることが多かった。実験を開始した初日の午後二時頃、クドゥという草食動物の群れが登場し、チーターたちから一〇〇メートルほど離れたところに落ちていた岩塩をなめ始めた。「こいつの肉をバーベキューであぶりながら、ビールを飲んだら最高だろうな」などと夢想していたら、突然チーターが走り出した。慌ててカメラを構え、チーターがクドゥを追いかける様子を撮影したが、結局狩りは失敗した。その後、疲れ果てたチーターは再び木陰に座り込み、その日、狩りは行われなかった。

　失敗したとはいえ、初日から狩りを試みるチーターの行動データが得られてラッキーと思いつつ、データロガーをパソコンにつないでダウンロードすると、なんと、エラーの表示が出るではないか。データは記録されていなかった。

　自らのふがいなさにカーッとなりつつ、慌てて日本のメーカーに連絡を取り、不具合の理由を尋ねた。何とか原因を突き止め、万全を期して翌日の調査にのぞんだ。ところが、不思議なことに二日目以降、なかなか良いシーンが訪れない。草食動物が十分にチーターたちに近づく前に、あわてんぼうのモリッツが追いかけ始めてしまう、装置をつけたマックスもおざなりに後を追うが、案のじょう獲物には逃げられてしまう。結局、五日後まで二匹はまともな狩りをしなかった。

何とか狩りをしてくれた

木陰で休む二匹の前を、イボイノシシの群れが通り過ぎようとしたそのとき、珍しくマックスが最初に駆けだした。イボイノシシの子どもを一五〇メートル以上追いかけ、子どもが反転した後、さらに五〇メートルほど追いかけたところで見事に捕獲した。子どもを捕まえた後、怒ったイボイノシシの親が突進し、結局チーターは捕まえた獲物を逃がしてしまった。しかし、追いかけ始めてから捕まえるまでの一連の行動を観察できた。

首輪から装置を外し、早速データをダウンロードしてみると、GPSの位置情報も加速度データも無事記録されていた。GPSによる緯度経度を平面図に落としてみると、観察棟から見られた経路と同じ軌跡が現れている。そこで、一秒間隔で測定された緯度経度から速度を計算し、加速度データとともに時系列図に示してみた（図5・3）。

「最高時速何キロですか？」。はやるテレビクルーに、私は厳かに結果を知らせた。「時速

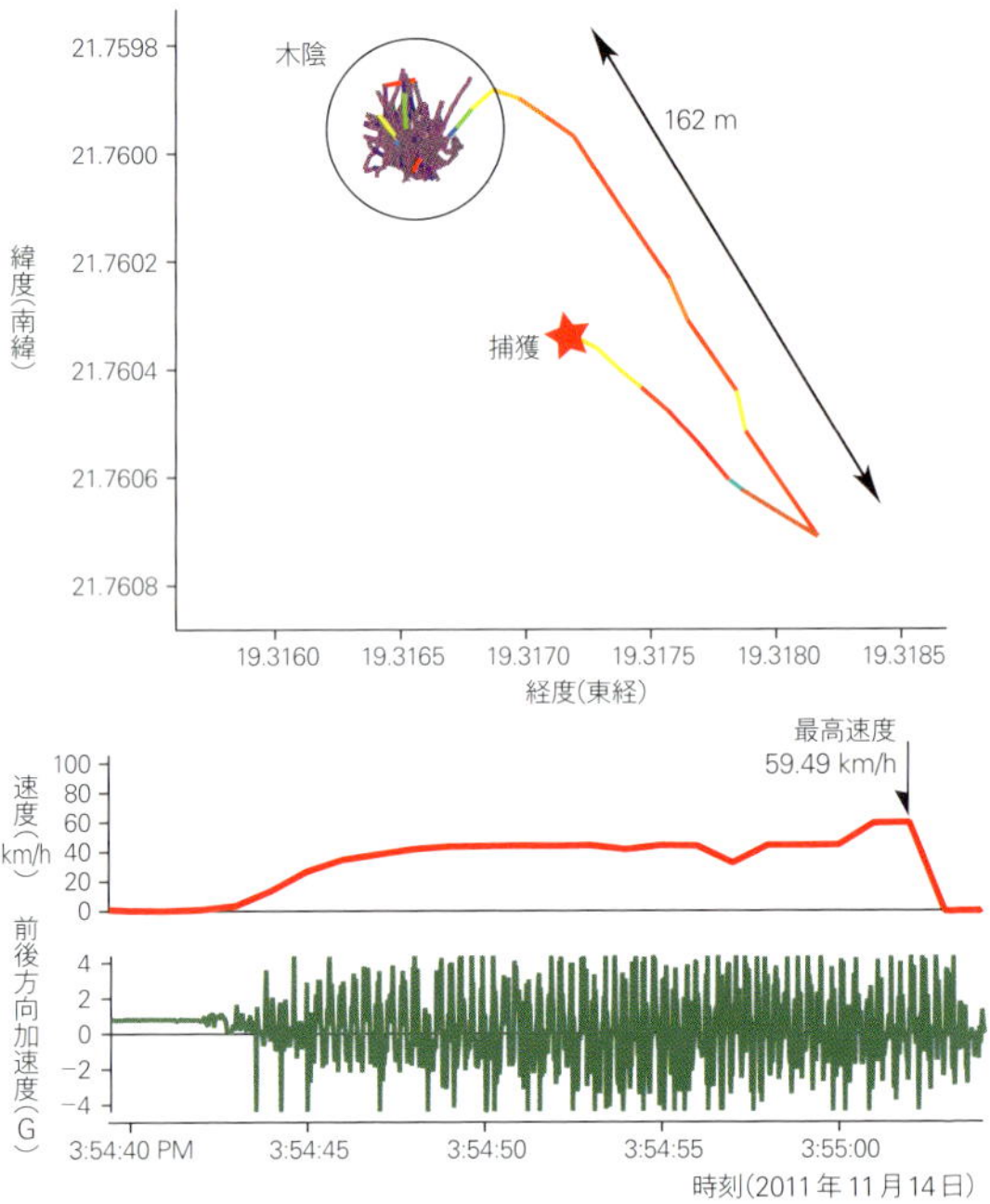

図 5.3　(上)イボイノシシを捕獲する際のマックスの移動軌跡.(下)移動速度と加速度時系列データ

五九・四九キロメートルです」。

　気まずい沈黙の後、「そうですか……。でも……まあ……データが無事にとれてよかった、よかった」という声がどこからともなくあがった。しかし、私を含め、その場にいた全員が大いに落胆しているのは明らかだった。

　子ども向けの図鑑には、チーターは時速一〇〇キロメートル以上で走ると記されている。海外の文献を調べたところ、トレーニングした飼育個体をトラックで走らせて、時速一一二キロメートルが測定されたという記述がみつかった。きっと生きた獲物を追いかけるチーターはモチベーションが高いだろうから、この記録を上回る速度で走るに違いないと、毎日チーターを眺めているうちに我々の間では勝手に期待が盛り上がっていた。しかし、実際に得られたチーターの速度は、期待に反してあまりに遅かった。

テレビカメラを向けられ、レポーターから「予想に比べて遅いようですが」とコメントを求められた。言葉は穏やかだが、彼の目は「なぜこんなに遅いんだ！」と訴えている。何か気の利いたことを言わねばならないと思いつつも、「まあ、時速五九キロでも獲物を捕まえられたのですから、いいのではないでしょうか」なんてことしか言えなかった。

ところが、その後、私の中でその結果を反芻しているうちに、デジャヴ（既視感）とでもいうのだろうか、「なんか、前にもあったなあ、こんなこと」という思いがこみ上げてきた。そして、結局チーターがそれ以上の速度で走ることなくアフリカでの全日程が終了し、テレビクルーたちが深刻な表情でなにやら相談し始めるころ、なぜだか私はじわじわと感動に包まれていったのである。

産卵期のウミガメは餌を食わなかった

思い返すと、研究者人生の初めから同じパターンがずっと続いているような気がする。大学四年のとき、私が初めて研究対象としたのはアカウミガメだ。亀が潜水してどうやって餌を食べるのかを調べるため、私は産卵場に長期間滞在しながら調査した。上陸して産卵を終えた雌成体が海に帰る直前に捕まえて、背中や胃の中に深度計や温度計を取り付けた（図5・4）。その後、毎晩砂浜をパトロールして、二〜三週間後に再び産卵上陸してきた個体を再捕獲し、装置を回収した。

図 5.4　産卵後，記録計を付けたアカウミガメが海に帰るところ

深度記録を見ると、亀は一定深度に数十分間滞在してから、水面で数分間呼吸してまた潜るというパターンをずっと繰り返していた。潜水中に動き回っている様子はなく、海底や中層でじっと休んでいた。胃内温度記録を見ると、産卵を終えて海に入った数時間以内に、何度か水を飲んでいたが、その後は再上陸するまで何かが胃の中に入った形跡は見られなかった。

結局、産卵期の雌成体は餌を食べずにじっとしたまま過ごし、事前に蓄えた脂肪を使って代謝をまかなっていることが判明した。「産卵期の雌成体の採餌生態を解明します」と宣言し、数年間にわたって粘り強く野外調査を実行した結果、「産卵期の雌成体は基本的にあまり動かず、餌を積極的に食うことはありませんでした」という結論が得られたのだ。はっきりとした結果ではあったが、これには参った。研究テーマを別の路線に変更してなんとか学位は取得できたが、当初掲げたもくろみは完璧に外れてしまった。

ペンギンも飛ぶ鳥もやることは同じ

次に私が対象としたのはペンギンだ。世界初の加速度計をひっさげて亜南極のキングペンギンや南極のアデリーペンギンに挑み、潜水中の遊泳行動を測定した。それまでも、ペンギンがどれだけ深く長く潜ったかについては調べた人はいたが、その潜水を達成するためにペンギンがどれほど頑張って泳いでいるのかを調べた人はいなかった。というより、調べる手段がなかった。潜水遊泳中は当然、翼を動かし続けているだろうという人々の予想に反して、ペンギンは浮上の途中から翼の動きを止めていた（図4・2）。最初は拍子抜けしたが、よくよく考えてみれば、浮力を使って楽に浮上できるのに、あえて翼を動かし続けるのはナンセンスだ。

ふだん我々の身の周りを飛んでいる鳥を見ればわかる通り、例えば、電柱に止まっているカラスが道路に舞い降りるときには当然滑空する。重力を使って舞い降りることができるのだから、そこであえてばさばさと翼を動かす必要などない。ペンギンについては、深い海から浮上するシーンを誰も眺めたことがなかったためにだれも想像していなかったが、重力の代わりに浮力を使うだけで、やっていることの意味は同じだ（図5・5上）。翼を動かさずに浮上する行動は理にかなっている。

ちなみに、私は加速度や速度の行動記録が得られた時点で、「ペンギンは斜めにグライディング浮上するために飛ぶ鳥のように翼を左右に広げているはずだ」と予言し、後にペンギンカメラによってそれは肯定された（図5・5下）。私にとっては拍手喝采ものの研究成果となった。

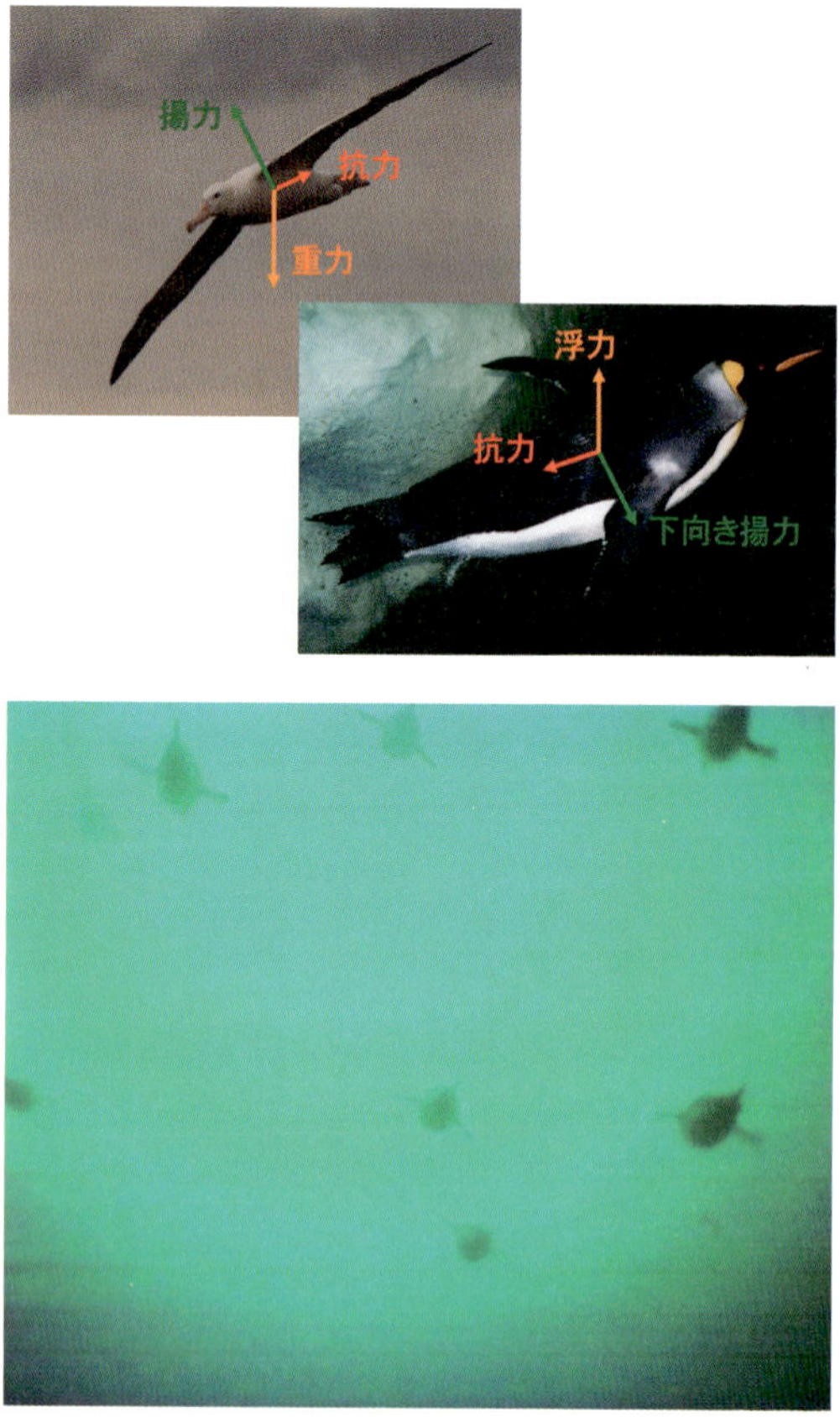

図 5.5　(上)滑空するワタリアホウドリには，重力と抗力と揚力が作用している．グライディング浮上するキングペンギンには，上向きの純浮力と抗力と下向き揚力が作用している．(下)アデリーペンギンに付けたカメラが撮影した映像．前を泳ぐ 8 羽すべてが浮上中にフリッパーを広げている(Takahashi et al. (2004)より)

ペンギンはいつでも深く長く潜るわけではない

第1章で紹介した通り、バイオロギングが始まった当初、人々が注目したのは最長潜水時間と最大潜水深度という最高記録であった。予測を大きく上回る動物たちの潜水能力に人々は驚き、科学論文として報告される最高値は次々と更新された。かくいう私も、毎回最高記録を期待して装置を取り付けていたことを白状せざるを得ない。実際、期待どおりに、エン

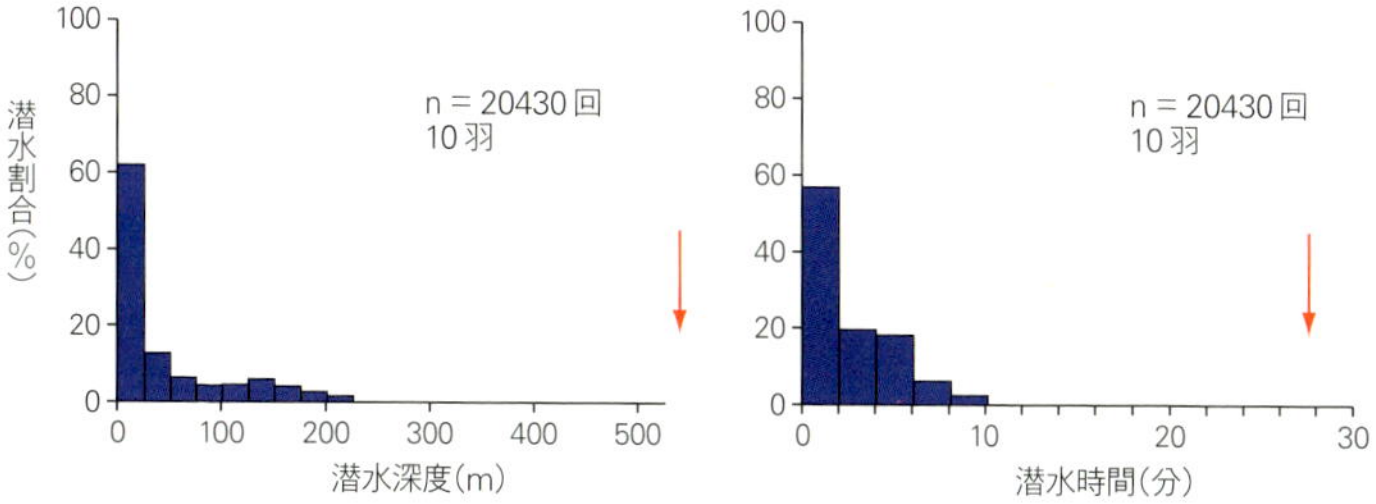

図 5.6　エンペラーペンギンの潜水深度と潜水時間．矢印の位置が最高記録（Sato et al. (2011)より）

ペラーペンギンから二七分三六秒という潜水記録が得られ、鳥類として最も長い潜水時間として報告できたときにはおおいに喜んだものだ。

しかし、本当のことをいうと、エンペラーペンギンの潜水はいつでもそんなに長いわけではない。図5・6に示すように、九九パーセント以上の潜水は一〇分よりも短い。そして、過去に記録されたエンペラーペンギンの最大潜水深度は五六四メートルだが、ほとんどの潜水は二〇〇メートルよりも浅い。

南極の海面に張った板氷に人工的に穴を開け、そこからエンペラーペンギンを潜らせる実験をしたときは、ほとんどの潜水が一〇〇メートルよりも浅くなってしまった（図5・7）。背中にカメラをつけてみると、ペンギンたちが氷のすぐ裏側で、餌となる魚をついばんでいるシーンが得られた（図5・8）。人間が氷に穴を開けるまで、野生のペンギンは氷の裏側にいる魚を捕まえられなかった。しかし、人間が穴を開けてくれると、そこから海に入り氷のすぐ裏にいる多くの魚を捕まえられるようになる。餌をとるために潜っているペンギンにとって、浅い所

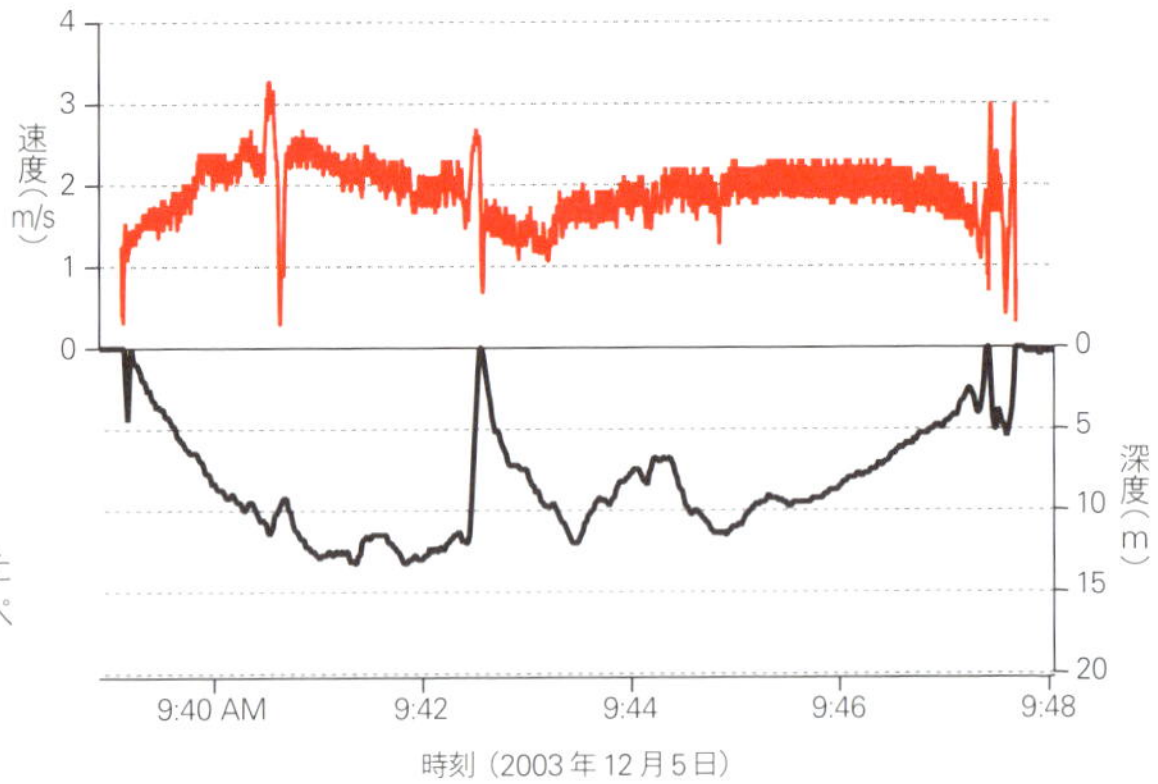

図 5.7　人工的に開けた穴から潜り始めたエンペラーペンギンの潜水例

図 5.8　エンペラーペンギンに取り付けたカメラによる映像．（左）氷の下面に映る魚のシルエット，（右）氷の下面で魚を捕獲した瞬間

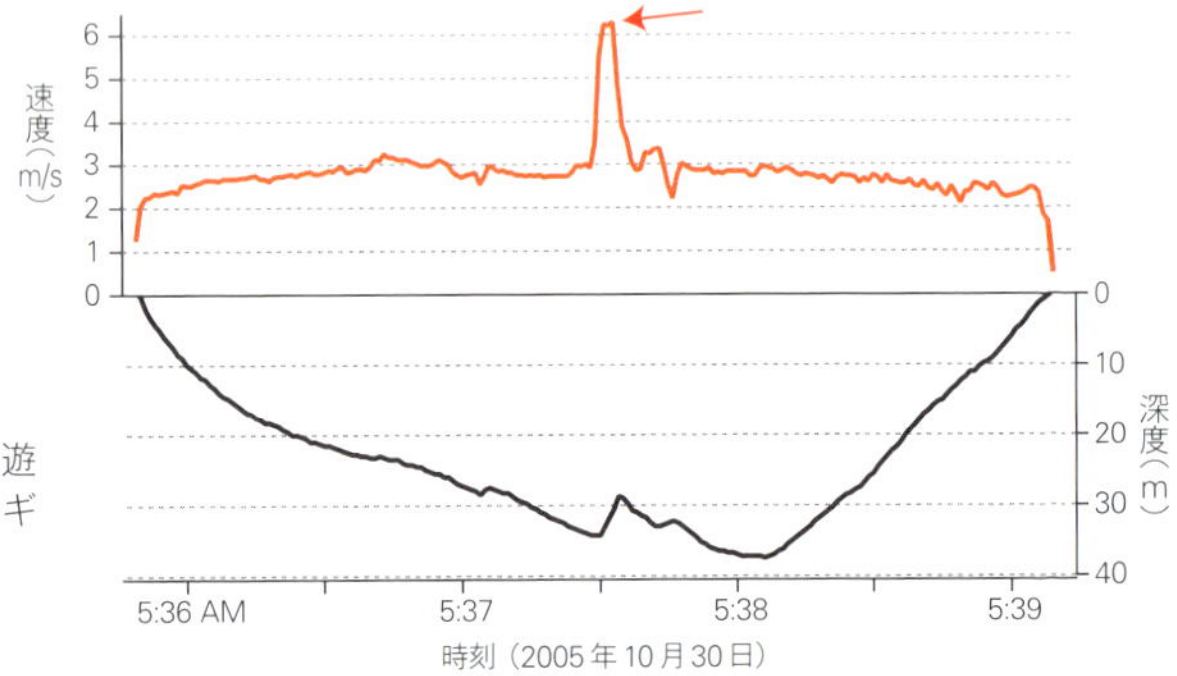

図 5.9　一時的に高速遊泳するエンペラーペンギンの潜水例

で餌がとれるなら、もはや五〇〇メートルも潜る理由などない。

泳ぐ速さについても意外な結果が得られている。図5・9に示すようにペンギンは一時的ならば秒速六・三メートル（時速二二・七キロメートル）で泳いだ。しかし、潜水の大部分を秒速二〜三メートル（時速七・二〜一〇・八キロメートル）の一定速度で泳いでいる。本当はもっと速く泳げるのに、なぜヒトが速歩きする程度の速度を律儀に守るのだろう。

そんなに速くは泳がない水中の動物たち

私にとって、ペンギンの次に研究対象にしたのはアザラシだ。ペンギンに比べて体重が一〇倍ほど大きいアザラシは当然、速く泳ぐだろうと思っていた。ところが、実際に得られたデータを見ると、アザラシはペンギンよりもわずかに遅い秒速一から二メートル（時速三・六〜七・二キロメートル）程度の遊泳速度で、水面と餌のある深度を往復していた。

不思議に思い、さらに大きなクジラ、あるいは、ペンギンよりも小さな海鳥から得られた記録とも比べてみたところ、体重五〇〇グラムのウトウという海鳥から、体重九〇トンのシロナガスクジラまで、巡航速度が秒速〇・八五〜二・四メートル（時速三・一〜八・六キロメートル）という狭い範囲に収まっていた。

巷では、水生動物がものすごく速く泳ぐという逸話が一人歩きをしている。一部怪しい値も含まれてはいるが、それらの多くは瞬間最高速度について述べたものだ。一方、私たちが速度計をつけて測定したのは、呼吸する水面と餌のある深度を往復するときに動物が採用する巡航速度だ。

動物たちにとって泳ぐ目的は餌をとることにある。いたずらに速く泳いでしまっては、餌のある深度に到達したときに息が切れてしまう。すぐさま水面に向けて引き返さなければならないのだとしたら、何のために潜ったのかわからない。かといって、ゆっくり泳ぐのも考えものだ。肺呼吸動物にとっては息を止めていられる時間は限られている。速すぎず遅すぎず、移動に要するエネルギーコストを最小にする最適速度が、秒速一～二メートルになるのがこれまでの研究でわかってきた。

ウミガメをのろまと言わないで

海棲哺乳類や海鳥類に比べて、飛び抜けて遊泳速度が遅い動物がいる。それはヒトとウミガメ類だ。これまでの研究で、移動に要するエネルギーコストを最小にする最適速度は、動物の代謝速度が大きくなるほど速くなり、水中を進むときの体の抵抗が大きいと遅くなることがわかっている。ほとんどの水生動物は、体の凹凸をなくし、流線型の体型を進化させてきた。一方、人間の体は主な生息環境である陸上で二足歩行するのに都合よくできている。水中でどんなポーズをとったところで、水生動物に比べると抵抗は大きい。そんなヒトが息ごらえ潜水するときの遊泳速度は秒速〇・七四メートルと遅かった。

あるいは、ウミガメの巡航遊泳速度はどうだろう。餌をとるために潜水を繰り返しているペンギンやアザラシやクジラと比較するためには、餌をとるために潜水しているウミガメからデータをとらなければならない。二〇〇四年に岩手県大槌町にある職場、東京大学大気海洋研究所国際沿岸海洋研究センターに赴任してから、付近の定置網でアカウミガメとアオウミガメが捕獲されることがわかった。ビデオカメラをつけたところ、アオウミガメが藻類を食べ、またどちらの種もクラゲを食べていた。そんなウミガメたちの泳ぐ速さは、アオウミガメで秒速〇・五九メートル、アカウミガメで秒速〇・六三メートルと、海棲哺乳類や海鳥類に比べて遅くなった。その主な要因は、爬虫類であるウミガメの代謝速度が哺乳類・鳥類に比べて低いためだ。哺乳類に属する我々ヒトは、ウミガメのことを「のろま」などとさげすむことが多いが、彼らが遅いのには、低い代謝速度に応じて最適速度が遅くなるという合理的理由があったのだ。

水生動物の代表である魚については、まだ十分にデータが集まっていないため、海棲哺乳類や海鳥との比較研究が十分なされていない。しかし、いくつかおもしろいデータも集まりつつある。国立極地研究所の渡辺佑基は、北極海に生息し体重二〇〇〜三〇〇キログラムにもなる大型魚類であるニシオンデンザメが、わずかに秒速〇・三四メートル（時速一・二キロメートル）で巡航遊泳するのを発見した。ニシオンデンザメはマイナス二℃という極寒の海を泳ぐ外温動物（変温動物）なので、その代謝は極端に低いと予想される。おそらくその遅い速度は、

ウミガメ調査再開

2011 年 7 月，釜石市室浜の瓦礫脇でウミガメの剥製を発見した．鼈甲細工の原料となる美しい甲羅を持つタイマイではなく，アカウミガメが剥製にされるのは非常に珍しい．周辺海域で捕獲された個体を漁師が剥製にし，その後押し入れの奥にでもしまい込んでいたものが，2011 年 3 月 11 日の津波により流れ出たのではないかと想像している．甲羅の長さが 50 cm 台なので亜成体である．これまで，岩手県沿岸部の定置網で混獲されるアカウミガメとアオウミガメを譲り受け，バイオロギング研究を進めてきた．しかし津波によりすべての定置網が破壊され，2011 年はウミガメ捕獲の連絡はなかった．2012 年夏，多くの定置網が復活し，ウミガメ調査も再開できた．

(上)アカウミガメの剥製を軽トラックに乗せて運んできた著者(佐藤)(2011 年 7 月 29 日)，(中)人工衛星対応電波発信器を付けたアオウミガメ(2012 年 9 月 8 日)，(下)子ども達にウミガメを見せつつ公開授業(2012 年 9 月 9 日)

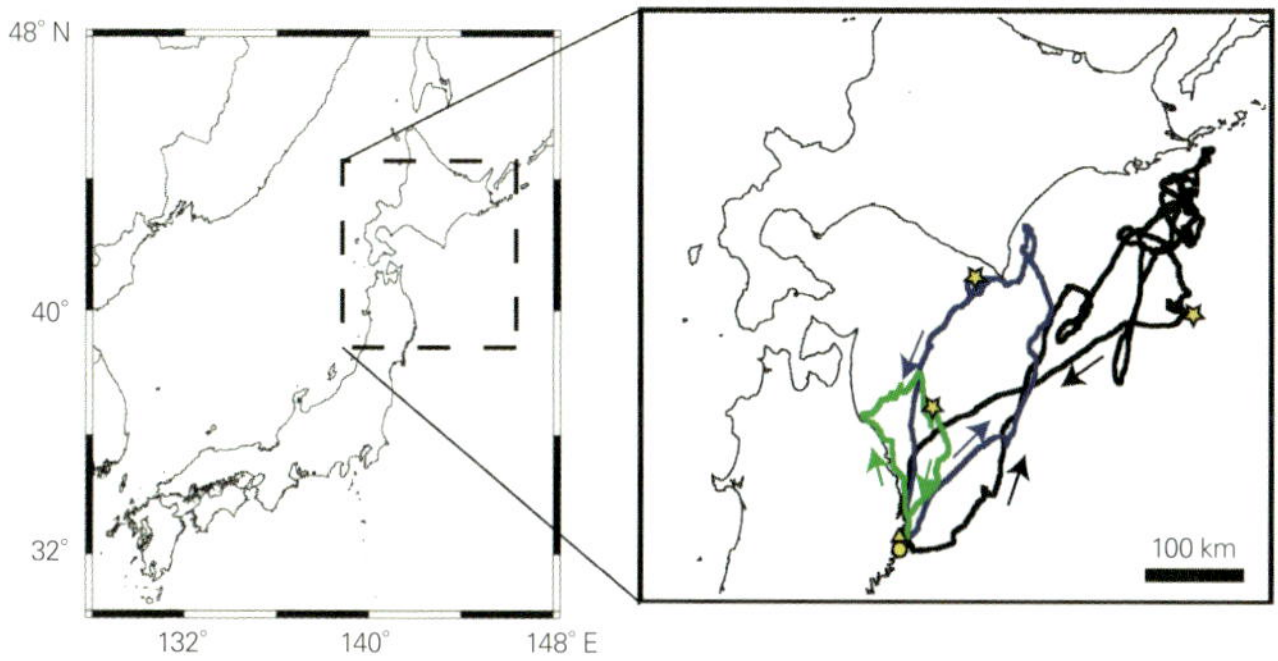

図 5.10　子育て期のオオミズナギドリの採餌旅行経路の例．その多くが島周り半径100 km 以内で餌をとるが，ときどき 100 km を越えるところまで出かけている．星印は，島に向かって帰り始める地点を記す（Shiomi et al. (2012) より）

北極海で暮らす魚にとっての最適遊泳速度なのだろう。

オオミズナギドリの通勤パターン

飛ぶ鳥の速さにも、最適な値があるようだ。第2章にも登場したオオミズナギドリは八月から一一月頃にかけて、岩手県沿岸に位置する無人島で雛を育てる。雄と雌は海に出かけ、とってきた餌を雛に与える。雛の体重はみるみる増えていき、それとともに食べる量も増えてくる。雄と雌は初めは交代しながらだが、途中から両方とも餌とりに出かける共働き体制となる。親鳥の動きを背中に取り付けたGPSロガーで調べたところ、親鳥は普段は島周辺で餌とりをして、毎日巣に戻って雛に餌を与えていた。ところが、ときどき一〇〇キロメートル以上も離れた海域まで餌をとりに出かけていた。最も遠い例では、北海道東岸沖まで片道五〇〇キロメートルもの往復旅行を行っていた（図5・10）。

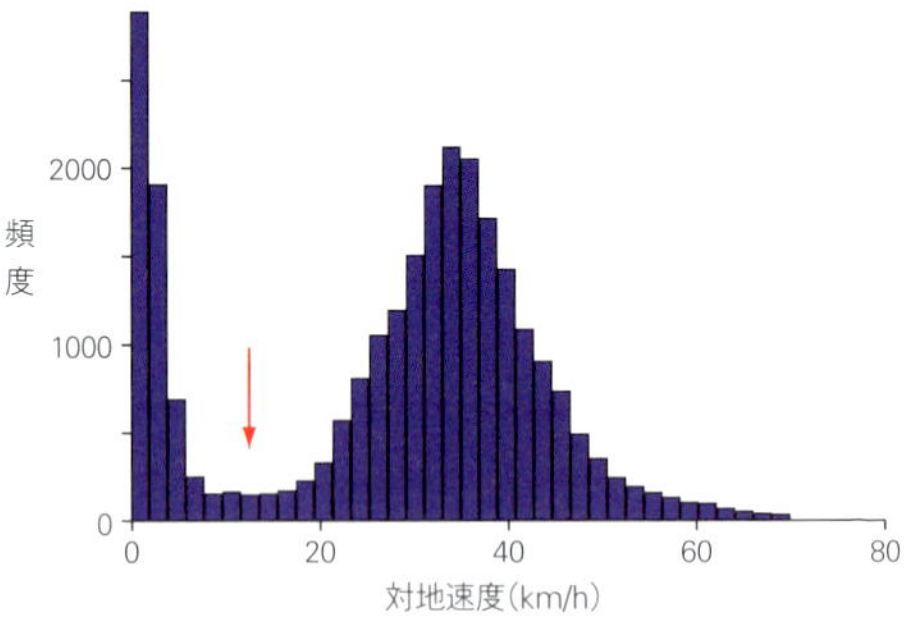

図 5.11　GPS データより算出した鳥の対地速度．矢印より高い速度が飛翔中の対地速度に相当している（Shiomi et al. (2012)より）

ＧＰＳデータから計算した対地速度を集計してみると、時速一〇キロメートル以下のゆっくりとした移動と、それ以上の速い移動があった（図５・11）。前者は海面に舞い降りて休んでいるときに海流や風で流されているときの移動速度であると考えられ、後者が飛んで移動するときの速度になる。飛んでいるときの対地速度には時速一〇キロメートルから七〇キロメートルまで、大きな幅がある。オオミズナギドリは風を使った滑空を主として、ときどき羽ばたきを織り交ぜつつ飛翔しており、追い風のときに移動速度が速く、向かい風のときに遅かったものと解釈できる。飛翔中の平均対地速度は時速三五キロメートルとなった。

オオミズナギドリの飛翔パターンを調べてみると、ずっと飛び続けるわけではなく、八一パーセントの時間を飛翔に、残る一九パーセントの時間を海面での休息にあてていた。この休息パターンと前述の平均対地速度から計算すると、オオミズナギドリは二・一分で一キロメートルを移動することになる。例えば、オオミズナギドリが一〇〇キロメートル離れたところから戻ってくる場合、移動には三・五時間を要する。一方、五〇〇キロメートル離れたところから帰る場合、一七・五時間もかかることになる。

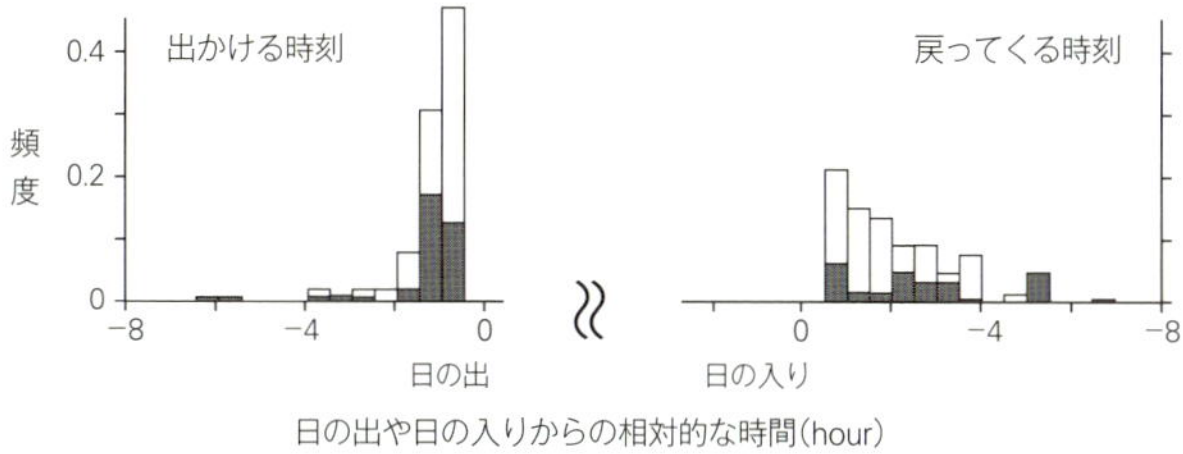

図 5.12　オオミズナギドリが採餌旅行に出かける時刻(左)と巣に帰ってくる時刻(右)のヒストグラム．100km 以内の短距離から戻ってくるときを白，それ以上の長距離から戻ってくるときを灰色で表している(Shiomi et al. (2012)より)

ここで、一つ不思議なことがある。オオミズナギドリには、夜明け前に餌とり旅行に出かけ、日の入り後数時間以内に海から島へ戻ってくるという習性がある。実際に島でキャンプしながら調査していると、夕方日が沈むと鳥達がいっせいに戻ってきて、上空は鳥だらけになる。

近場から帰ってくる場合は、「そろそろ日が暮れそうだなあ」と思ってから帰り始めても間に合うが、五〇〇キロ離れたところから戻る場合は、暗くなってから帰り始めたのではまったく間に合わない。近場から帰ってくる場合でも、遠くから帰ってくる場合でも、帰宅時間に違いはなく(図5・12)、さらに、飛翔速度や飛翔時間割合にも距離による違いはなかった。実はオオミズナギドリは、島までの距離が遠くなるほど、早めに帰り始めるという時間調節をしていた。五〇〇キロメートル離れたところから戻る場合、日の入り時刻の一七・五時間前に移動し始めていたのである。日の入り時刻の一七・五時間前とは、同じ日の夜明け前になる。我々がまるで遠方で夕方から開かれる会議の開始時刻にあわせて早朝に出発するように、鳥も移動

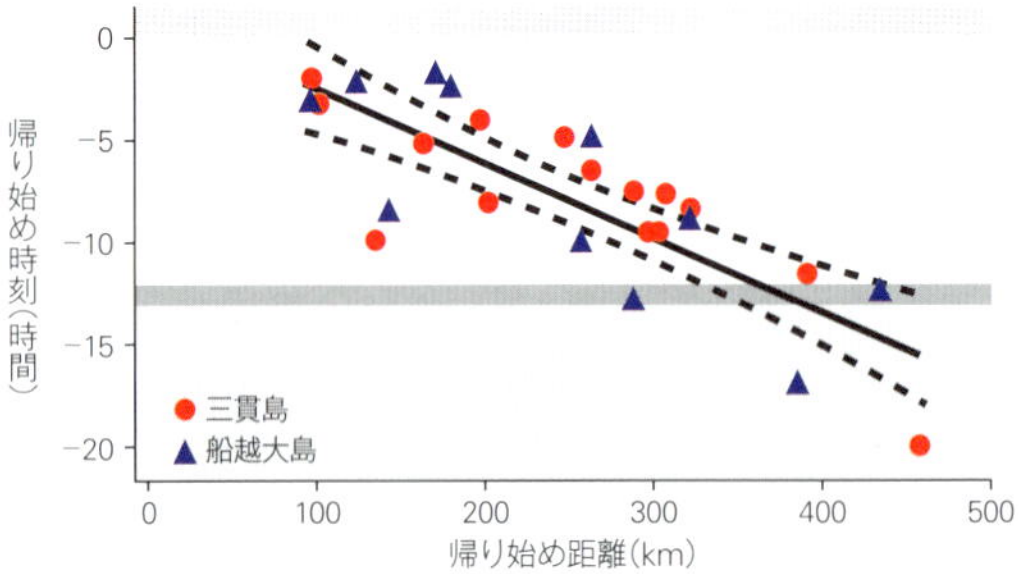

図 5.13　島に向かって帰り始める地点から島までの距離と，帰り始め時刻との関係．帰り始め時刻は，日の入り時刻からの相対的な時間(Shiomi et al. (2012)より)

開始時刻を変えていたのだ。島までの距離と移動開始時刻を比較すると、一キロメートル遠くなると二・二分早く出発するという傾向が見られた(図5・13)。これは、前述の水平移動能力にほぼ一致する。オオミズナギドリは、まるで巣までの距離と自らの移動能力を照らし合わせたうえで、帰り始める時刻を調節しているかのようであった。平均時速三五キロメートル、八割飛んで二割の時間休むというパターンは、おそらくオオミズナギドリの移動に要するエネルギーを最小とする最適な飛び方なのだろう。オオミズナギドリはこのパターンを守りつつ、時間通りに島に帰り着いていた。

最大記録に着目するのはナンセンス

ウミガメは本当は速く泳ぎたいのに、遊泳能力が劣るから遅いなどと、私はいつの間にか思いこんでいたようだ。移動に必要なエネルギーを抑えるために、やろうと思えば速く泳げるのにあえてゆっくりと移動しているなどとは、これまで考えてみたこともなかった。私たち人間は、代謝速度が高い哺乳類としての性なのかもしれないが、ちょっと生き急ぎ過ぎているのかもしれない。

魚類から哺乳類に至る水生動物に、共通の装置を取り付けてその動きを調べてみると、本当はもっと深く長く潜ることができるのに、浅く短い潜水が主であったり、最大速度よりもずっと遅い速度を通常の移動に用いているといった日々の暮らしぶりが見えてきた。さらに、オオミズナギドリは、高速で飛んだり、無理して長時間連続飛翔したりせずに、移動開始時刻を調節するだけで、巣への到着時刻を調節していた。

我々人間は、ついつい動物の最大能力に目を奪われがちだが、動物の真の能力は最大値ではなく平均値にこそ現れる。ごくまれにしか行わない最大限の動きより、日々の暮らしぶりに着目することで、彼らの生き様を正しく理解できる。深いとか、長いとか、速いといったことに感心するのはもうやめよう。

動物がサボるまじめな理由

動物を調べるための基本的手段は観察だ。一見、観察可能に思える海の中は、実はほとんど見えていなかった。そんな海で暮らしている動物を調べる場合、バイオロギングや音響という特殊なやり方がとても役に立つ。海の動物の暮らしぶりや、驚くべき能力が判明する一方で、「野生動物はいつでも一生懸命」といった、人間の一方的な期待を裏切る結果がいくつも得られた。常に最大能力を発揮しないどころか、同種他個体や他種、あるいは人間に大きく依存して暮らしていたのである。

そんな野生動物たちの姿は、サボっているようにも見える。しかし、よくよく考えてみれば、このやり方こそ厳しい自然環境で生き抜いていく動物たちの本気の姿なのだ。

第一次南極観測隊越冬隊長を務めた西堀栄三郎は、能率を常々重視し、部下にもそれを勧めたそうだ。あまりに口やかましい西堀に、越冬隊員が「能率とは何ですか」と問いかけたところ、「目的を達成しつつ、もっとも要領よく手を抜くことである」という答えが返ってきたそうだ。手を抜くなどけしからんという考え方もあるが、目的を達成しつつ手を抜くおかげで、エネルギーや時間が余ってくる。その余った時間を他のことに使えば、さらに多くの仕事ができる。それを考えれば、要領よく手を抜くことこそ、まじめな生き様なのかもしれない。

本来持っている能力をすべて発揮することなく、ときには同種他個体や他種、あるいは人間に頼ってまで餌とりという目的を達成している野生動物たちは、一見サボっているようで、実は能率を重視して暮らしていたのであった。

死ぬほど頑張るとき

動物の最大能力に着目するのはナンセンスと書いた。その理由は、個体ごとに動機が大きく異なり、サンプル数の大小によって最大値は左右されてしまうため、比較に耐える行動データを測定するのが難しいからだ。しかし、やはり、「この動物が本気で振る舞ったらどこまでできるのか」を調べたいという思いはある。

能率を重視して生きている動物が、本気で振る舞うことはあるのだろうか。おそらく、捕食者に襲われそうになったとき、「生き延びる」という目的を達成するために動物は必要に迫られて最大能力を発揮するに違いない。

図 5.14　行動記録計を付けて放流されるアカシュモクザメ幼魚

二〇〇七年の夏、ハワイのオアフ島周辺でアカシュモクザメ調査をしたときのこと。カネオヘ湾内で釣り上げた体長五〇センチメートルほどのシュモクザメ幼魚に、加速度や深度を測定する記録計を取り付けた（図5・14）。放流してから二四時間後に魚体から記録計だけ切り離されるように設定したので、我々は翌日予定されていた時刻に丘の上から電波の受信作業を行った。予定通りに切り離し装置が作動して、記録計が海面に浮かんでくれれば、浮力体につけたＶＨＦ発信器からの電波が拾えるはずだ。ところが、どうしても受信がない。夕方まで粘ったが、やはり受信はなかった。

「珊瑚礁に装置が引っかかってしまったのか？」あるいは「砂浜で泳いでいる観光客に拾われてしまった？」等々、さま

どっちが誠実？

私が初めて研究所の助手という定職に就いたとき，前任者からアドバイスをいただいた．

「君は若くて体力もあるから，すべての仕事に全力投球してしまいそうだ．だから気をつけろ．重要じゃない仕事では手を抜くように」

不誠実とも思えるこのアドバイスが意味することと，本書で紹介した野生動物の行動指針の本質は似かよっている．

ふだん私たちがこなすべき仕事は色々あるが，その多くにおいて，費やした時間と仕事の完成度には上に凸の曲線関係がある．新しい仕事に取りかかった直後は，仕事はどんどんはかどる．しかし完成度が上がるにしたがって，なかなか思うように進まなくなる．80%完成した時点で終わりにするという手もあるが，それを 100%の完成度に近づけるためには，さらに倍ほどの時間が必要となる．
24 時間ないし 1 週間といった限られた時間内に，いくつの仕事をこなせるか．それは，個々の仕事の完成度をどこまで上げるかによって大きく左右される．一つの仕事に生真面目に取り組み，完成度を 100%近くまで上げてから次の仕事にとりかかる一見誠実な人に比べ，80%，ときには 60%の出来でよしとする“テキトー”な人は，数にして倍以上の仕事をこなすことができる．
大学教員の仕事内容もまた，世間一般の職業がおそらくそうであるように，多岐にわたっている．支障があるから具体的には書かないが，「ええっ，そんなことやってるの」という仕事を東大准教授（佐藤）はやっている．おそらく，京大助教（森阪）もそうだろう．気の利く高校生がこなせる程度の雑用に対し，100%の完成度を追求するのは，実は極めて不誠実な態度である．だから，私はマジメに手を抜いている．根が真面目な森阪君はマジメに手を抜いているだろうか？

　前述のアドバイスは，以下のように締めくくられている．

「むしろ徹底的に手を抜け．そして研究しろ！」

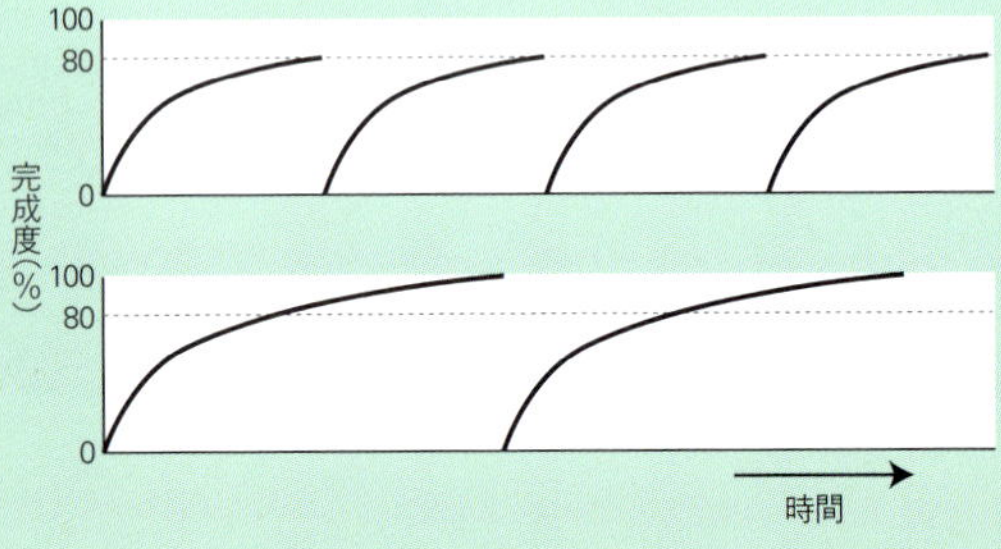

ざまな可能性を挙げて作戦を練ったが、妙案は浮かばなかった。仕方なく、翌日以降もしつこく受信作業を繰り返した。高台に建つ億万長者らしき人の別荘の庭から海に向かってアンテナを振ったり、ときには町中の民家の方向にもアンテナを向けてみたが、受信はなかった。

予定日時から三日ほど経過したとき、特に勝算があったわけではないのだが、最初に受信作業を行った丘の上で何となく受信機のスイッチを入れると、「ピッ、ピッ、ピッ」と受信するではないか。喜び勇んで船を走らせ、湾内に浮かぶ装置を回収した。

回収した装置を固定していた浮力体には鋭い切り傷のようなものがあり、生ゴミのような臭いがした。いったいこの装置に何が起こったのだろう。不思議に思いつつ、データをダウンロードすると何となく状況が見えてきた。

放流後のシュモクザメ幼魚は、一秒間に一・五回程度の周波数で尾ひれを振りつつ、表層付近を泳いでいた。ところが、数時間経過したところで大きな振幅で高頻度の動きが見られ、突然動きが止まった。その後、一秒間に〇・五回ほどのゆっくりした周波数で再び動き出し、表層から数十メートルの深度を何度も往復した。三日後、再び加速度に大きな振幅が見られた後、装置が水面に浮上し、その後我々に拾われるまで水面に漂っていた。

我々が装置をつけて放流したシュモクザメ幼魚は、イタチザメなどの大型捕食者に食べられたようだ。その後、捕食者が胃の中に入った装置を異物と認識して吐き出したため、無事装置を回収できたのだ。偶然ではあるが、こんなやり方で、文字通り必死で逃げる魚の運動を測定できた。今後、このやり方で捕食者から必死に逃げるさまざまな動物の行動を測定すれば、同じ条件で測定した最大運動能力の比較も可能になるかもしれない。

非効率の勧め

本書のタイトルは『サボり上手な動物たち』。われわれの勝手な予想とは裏腹に、野生動物が実は結構サボっているという例をいくつか紹介してきた。サボっていると書いてはみたが、動物たちが行っているのは目的を達成しつつ手を抜く行為、すなわち効率の追求だ。最大能力のかなり手前に最も効率よい動きがあり、多くの動物たちはめったに最大能力を発揮せずに暮らしていた。それどころか、しばしば他個体に頼って生きていた。これこそ、自力で餌をとりつつ日々暮らしていかなければならない野生動物が、やむにやまれず選択した効率を上げるやり方であった。

しかし、効率ではとても説明できそうにない野生動物の行動を目撃したことがある。データロガーをつけたエンペラーペンギンが採餌旅行から帰ってくるまでの間、コロニーで雛たちを観察していたら、一羽の雛が、空から舞い降りてくる雪片を嘴《くちばし》でつかまえようとしていた（図5・15）。コロニーにいるペンギンは、水分補給を目的にしばしば足下に積もった雪を食べている。だから、あえて空から舞い降りてくる雪を食べる行為の効率はとても悪い。一〇〇パーセントの確信はないが、空から落ちる雪を一心不乱に捕まえようとしていた雛は、そのとき遊んでいたのだと思う。

動物の動きには、ちょっと見る限り生きていくのに必要なさそうなものも多く含まれる。例えば、ヒトの子どもはよく遊ぶ。先日、小学生の息子とその友だちを動物園に連れて行った。園内を走り回る彼らと同じペースで移動するのは早々にあきらめ、代わりに動きを観察してみた。すると彼らは同じ動物の元を繰り返し訪れたり、園内の端から端を何度も往復したりしている。そこで、無理やり園内地図の前に連れて行き、「自分たちが見たい動物を選んで、どうやって回ったらいいか考えなさい」と促してみたが、助言はあっさり無視され、彼らは一日中走り回り続けた。そして、最後は電池が切れたように動きが止まった。彼らの動きを見ている限り、園内を効率よく見て回ろうとか、夕方まで体力を温存しておこうなどとは一切考えていない。しかし、こうやって楽しく限界まで動き回ることは、間違いなく少年たちの体力増強に貢献している。

図 5.15　空から落ちてくる雪片を食べるエンペラーペンギンの雛

イルカやクジラは、野生でも相当遊ぶらしい。ハンドウイルカは海中に漂うビニール袋や自分で引っこ抜いた海草などを口から背びれへ、背びれから尾びれへ、たまに他個体へ、外しては引っかけ、引っかけては外して遊んだりする。他にも、餌として捕まえるわけでもないのにウミガメを追いかけ回したり、タコを生きたまま捕まえて体にくっつけたりして遊ぶ。ザトウクジラを滑り台にして遊んでいたという報告もある。陸上動物、例えばカラスや霊長類でもいろいろな遊びが報告されている。

遊んでいる子どもや野生動物のように、私たちも自分が重要だと思うことに対しては効率を度外視して取り組んでいる。本書で紹介したわれわれの研究成果は、おせじにも効率よく得られたものとはいいがたい。いつ帰ってくるかわからないどころか、帰ってくるかどうかも定かでないウミガメを延々と砂浜で待ち続けたり、見つかるかどうかわからないイルカを探して二週間の船旅に出かけてみたり、高価なデータロガーや音響機器をいくつも海の藻屑にしながら、アホみたいに膨大なエネルギーと時間を費やして右往左往しながら、ようやく見つけ出してきたものだ。

今後どんなに装置が発達しても、きっと効率は悪いまま、試行錯誤しながら格好悪く研究を進めていくことだろう。しかし、バイオロギングや音響という、ちょっと変わった手段で達成される研究成果は、普段大きく視覚に依存して暮らしている私たちに、きっと新しい視点をもたらしてくれるはずだ。

あとがき

サボ・る＝〈（サボを動詞化した語）なまける。なまけて仕事を休む。ずる休みをする。（広辞苑第六版）〉＊サボはフランス語のサボタージュの略。

水中に棲んでいるような「見えない＝知らない」野生動物に対し、私たちは一方的に「いつでも一生懸命」という姿を期待しているようである。自分が食うか食われるかの厳しい生存競争のなかで、サボるやつなんてありえん、サボるのは人間だけの悪い性《さが》だ、と。

見えない野生動物のことを、なぜだかとても知りたくて、これまでたくさんの研究者や技術者が「非効率的に」頑張ってきた。そのおかげで少しずつ見えてきた野生動物の本当の姿は、私たちが抱いている「常に全力投球、ど根性」というイメージに比べると明らかに「サボって」いる。手は抜くし、利用できるものはとことん利用する。そして当然、休むし、寝る。でもそれは効率を上げ、または死ぬ確率を下げるための、やむにやまれぬ選択である。

例えば水という環境に棲む動物は、人間とずいぶん違う感覚を持っているものが多い。イルカなんて、まわりを「音で見る」ことができる。ひょっとして、私たちがサンゴ礁のカラフルさを目できれいと感じるように、色覚が退化したイルカはサンゴ礁の多様なでこぼこ具合(音さわり心地?)を音で「きれい」と感じるのかもしれない。

こんなふうに見えてきた野生動物の姿は、私たちの勝手な期待を明らかに裏切っている。人間の想像できる範囲は、まだまだ狭い。しかし、それは「見えない＝知らない」からで、「見る＝知る」ことによってすぐさま拡大する。人間は他人からの目線に乗り移り、動物目線の世界を想像することができる。動物目線のことがどんどんわかってくると、人間の想像できる範囲はもっともっと大きくなる。

決して「野生動物がサボってるんだから、人間よ、もっとサボれ」と言っているわけではない(このように「自然界で〜だから人間は〜すべきだ」と短絡的に考えることを「自然主義の誤謬《ごびゅう》」と呼ぶ)。これまでの、たくさんの「効率度外視・全力投球」が、最適解以上の「余剰」を生み出し、これが人間の財産になっている。そしてこの本こそ、こうした「非効率な」努力の結晶である。


効率度外視で研究生活を支えてくれる家族や仲間、先達方に感謝しつつ

森阪匡通

二〇二三年一月

【第 3 章】
Akamatsu et al. (1998) *Journal of the Acoustical Society of America* **104**: 2511–2516.
Akamatsu et al. (2005) *Proceedings of the Royal Society of London, Series B.* **272**: 797–801.
Au & Snyder (1980) *Journal of the Acoustical Society of America* **68**: 1077–1084.
Cranford (1999) *Marine Mammal Science* **15**: 1133–1157.
Götz et al. (2006) *Biology Letters* **2**: 5–7.
Morisaka & Connor (2007) *Journal of Evolutionary Biology* **20**: 1439–1458.
Morisaka et al. (2005) *Journal of Mammalogy* **86**: 541–546.
Xitco & Roitblat (1996) *Animal Learning & Behavior* **24**: 355–365.
【第 4 章】
Aoki et al. (2012) *Marine Ecology Progress Series* **444**: 289–301.
Miller et al. (2008) *Current Biology* **18**: R21–23.
Mitani et al. (2010) *Biology Letters* **6**: 163–166.
Sakamoto et al. (2009) *PLoS ONE* **4**: e5379.
Sato et al. (2002) *Journal of Experimental Biology* **205**: 1189–1197.
Sato et al. (2003) *Journal of Experimental Biology* **206**: 1461–1470.
【第 5 章】
Deakos et al. (2010) *Aquatic Mammals* **36**: 121–128.
Sato et al. (2007) *Proceedings of the Royal Society of London, Series B.* **274**: 471–477.
Sato et al. (2010) *Proceedings of the Royal Society of London, Series B.* **277**: 707–714.
Sato et al. (2011) *Journal of Experimental Biology* **214**: 2854–2863.
Shiomi et al. (2012) *Animal Behaviour* **83**: 355–359.
Soto et al. (2008) *Journal of Animal Ecology* **77**: 936–947.
Tanaka et al. (1995) *Nippon Suisan Gakkaishi* **61**: 339–345.
Takahashi et al. (2004) *Proceedings of the Royal Society of London, Series B.* **271**: S281–S282.
Watanabe et al. (2011) *Journal of Animal Ecology* **80**: 57–68.
Watanabe et al. (2012) *Journal of Experimental Marine Biology and Ecology* **426–427**: 5–11.

写真・図の提供者

図 1.4，図 2.1：内藤靖彦
図 2.10（上），図 4.9（上）：小暮ゆきひさ
図 2.10（下）：綿貫豊
図 2.11，図 4.9（下）：坂本健太郎
図 3.1（写真）：赤松友成
図 3.5：酒井麻衣
図 3.8 ①：Projeto Toninhas
図 4.6：山谷友紀
図 4.7 ～ 4.8：青木かがり

参考文献および出典

【第 1 章】
Boyd et al. (2004) *Memoirs of National Institute of Polar Research Special Issue* **58**: 1-14.
DeVries & Wohlschlag (1964) *Science* **145**: 292.
Kooyman (1966) *Science* **151**: 1553-1554.
Kooyman et al. (1971) *The Auk* **88**: 775-795.
Kooyman et al. (1976) *Science* **193**: 411-412.
Kooyman et al. (1982) *Science* **217**: 726-727.
Plötz et al. (2001) *Polar Biology* **24**: 901-909.
Sato et al. (2011) *Journal of Experimental Biology* **214**: 2854-2863.
Testa (1994) *Canadian Journal of Zoology* **72**: 1700-1710.
Wienecke et al. (2007) *Polar Biology* **30**: 133-142.
【第 2 章】
Davis et al. (1999) *Science* **283**: 993-995.
LeBoeuf et al. (1989) *Canadian Journal of Zoology* **67**: 2514-2519.
松本経（2008）北海道大学大学院　博士学位論文
Nawab et al. (2010) *Telemetry in Wildlife Science* **13**: 171-184.
Sakamoto et al. (2009) *PLoS ONE* **4**: e7322.
Sato et al. (2002) *Polar Biology* **25**: 696-702.
Sato et al. (2003) *Marine Mammal Science* **19**: 384-395.
Watanabe et al. (2003) *Marine Ecology Progress Series* **252**: 283-288.
Watanuki et al. (2007) *British Birds* **100**: 466-470.
Watanuki et al. (2008) *Marine Ecology Progress Series* **356**: 283-293.
Yoda et al. (2011) *PLoS ONE* **6**: e19602.

佐藤克文 （まえがき，第 1，2，4，5 章）

1967 年宮城県生まれ．1995 年京都大学大学院農学研究科修了（農学博士）．日本学術振興会特別研究員，国立極地研究所助手などを経て，2014 年より東京大学大気海洋研究所教授．専門は動物行動学，動物生理生態学など．著書に『ペンギンもクジラも秒速 2 メートルで泳ぐ――ハイテク海洋動物学への招待』（光文社新書）《2008 年講談社科学出版賞》，『巨大翼竜は飛べたのか――スケールと行動の動物学』（平凡社新書）など．趣味は釣りとバーベキュー．

森阪匡通 （第 3 章，あとがき）

1976 年大阪府生まれ．2005 年京都大学大学院理学研究科修了（理学博士）．日本学術振興会特別研究員，東京大学大気海洋研究所特任研究員，京都大学野生動物研究センター特定助教，東海大学創造科学技術研究機構特任講師および海洋学部准教授などを経て，2017 年 2 月より三重大学大学院生物資源学研究科附属鯨類研究センター准教授．専門は動物音響学．著書に『ケトスの知恵――イルカとクジラのサイエンス』（共著：東海大学出版会）など．趣味は音楽とフットサル．

岩波科学ライブラリー 201

サボり上手な動物たち――海の中から新発見！

2013 年 2 月 6 日 第 1 刷発行
2020 年 10 月 26 日 第 5 刷発行

著 者 佐藤克文《さとうかつふみ》 森阪匡通《もりさかただみち》

発行者 岡本 厚

発行所 株式会社 岩波書店
〒101-8002 東京都千代田区一ツ橋 2-5-5
電話案内 03-5210-4000
https://www.iwanami.co.jp/

印刷 製本・法令印刷 カバー・半七印刷

ISBN978-4-00-029601-4 Printed in Japan

● 岩波科学ライブラリー〈既刊書〉

291 **フラクタル**
ケネス・ファルコナー　訳 服部久美子
本体一五〇〇円
どれだけ拡大しても元の図形と同じ形が現れて、次元は無理数、長さは無限大。そんな図形たちの不思議な性質をわかりやすく解説。自己相似性、フラクタル次元といったキーワードから現実世界との関わりまで紹介する。

292 **知りたい！ ネコごころ**
髙木佐保
本体一二〇〇円
「何を考えているんだろう？ この子…」ネコ好きの学生が勇猛果敢にもその心の研究に挑む…。研究のきっかけや実験方法の工夫、被験者(？)募集にまつわる苦労話など、エピソードを交えて語る「ニャン学ことはじめ」。

293 **脳波の発見**
ハンス・ベルガーの夢
宮内 哲
本体一三〇〇円
ヒトの脳波の発見者ハンス・ベルガー（1873―1941）。20年以上を費やした測定の成果が漸く認められた彼は、一時はノーベル賞候補となるもナチス支配下のドイツで自ら死を選ぶ。脳の活動の解明に挑んだ科学者の伝記。

294 **追いつめられる海**
井田徹治
本体一五〇〇円
海水温の上昇、海洋酸性化、プラスチックごみ、酸素の足りないデッドゾーンの広がり、漁業資源の減少など、いくつもの危機に海は直面している。環境問題の取材に長年取り組んできた著者が、最新の研究報告やルポを交えて伝える。

295 **あいまいな会話はなぜ成立するのか**
時本真吾
本体一二〇〇円
なぜ言葉になっていない話し手の意図を推測できるのか？ なぜわざわざ遠回しな表現をするのか？ 会話の不思議をめぐり、哲学・言語学・心理学の代表的理論を紹介し、現代の脳科学にもとづく成果まで取り上げる。

定価は表示価格に消費税が加算されます。二〇二〇年一〇月現在